高等职业教育装备制造大类专业新型工作手册式系列教材

数控车铣编程与加工技术工作手册

主　编　◎　王　丹　王利利
副主编　◎　刘　红　谢　鑫

中国铁道出版社有限公司
CHINA RAILWAY PUBLISHING HOUSE CO., LTD.

内 容 简 介

本书结合新型活页式工作手册式教材的编写要求,将数控车铣加工中涉及的知识内容以工作手册方式展示,采用图表形式,直观反映知识与技能要点。

本书共包含五部分内容,分别是数控车削加工基础、数控铣削加工基础、数控编程指令、数控车铣基本操作、数控车铣加工零件。主要介绍数控加工概念、数控加工刀具、工量具、编程指令、设备基本操作方法与步骤,并结合案例展示数控加工过程中知识技能应用,为后续数控加工自动编程奠定基础。

本书适合作为高等职业院校数控技术、机械设计与制造、机械制造及自动化、模具设计与制造等专业教材,也可作为相关研究人员和工程技术人员的参考书。

图书在版编目(CIP)数据

数控车铣编程与加工技术工作手册 / 王丹,王利利主编. -- 北京:中国铁道出版社有限公司,2024.8.
(高等职业教育装备制造大类专业新型工作手册式系列教材). -- ISBN 978-7-113-31365-4
Ⅰ. TG519.1;TG547
中国国家版本馆 CIP 数据核字第 2024KY4320 号

书　名:数控车铣编程与加工技术工作手册
作　者:王　丹　王利利

策　　划:何红艳	编辑部电话:(010)63560043
责任编辑:何红艳　包　宁	
封面设计:刘　颖	
责任校对:苗　丹	
责任印制:樊启鹏	

出版发行:中国铁道出版社有限公司(100054,北京市西城区右安门西街8号)
网　　址:https://www.tdpress.com/51eds/
印　　刷:河北燕山印务有限公司
版　　次:2024年8月第1版　2024年8月第1次印刷
开　　本:787 mm×1 092 mm　1/16　印张:9　字数:271千
书　　号:ISBN 978-7-113-31365-4
定　　价:32.00元

版权所有　侵权必究

凡购买铁道版图书,如有印制质量问题,请与本社教材图书营销部联系调换。电话:(010)63550836
打击盗版举报电话:(010)63549461

前　言

党的二十大报告在"加快构建新发展格局，着力推动高质量发展"这一部分中指出："高质量发展是全面建设社会主义现代化国家的首要任务"。"建设现代化产业体系。坚持把发展经济的着力点放在实体经济上，推进新型工业化，加快建设制造强国、质量强国、航天强国、交通强国、网络强国、数字中国。""推动制造业高端化、智能化、绿色化发展。"

随着我国从制造大国向制造强国的不断深入推进，智能制造已成为企业升级改造、谋求发展的必由之路。数控加工技术是智能制造的基础和重要组成部分，它的广泛应用急需培养一大批能熟练掌握数控编程、加工等技能的高素质技术技能人才。为适应这一需求，我们编写了《数控车铣编程与加工技术工作手册》一书。

《数控车铣编程与加工技术工作手册》围绕高等职业院校机械设计制造类专业数控加工相关课程的教学改革，结合新型工作手册式教材的研发要求；按照数控车铣加工典型工作岗位要求选择内容，融入数控车铣加工职业技能等级证书要求；将知识与技能图表化展示，图文并茂，层次清晰，易读易懂；配有微课视频，帮助学习者加深理解，提高学习效果。

本书共包括五部分：第一部分为数控车削加工基础，主要介绍数控车床种类、刀具、数控车削加工工艺；第二部分为数控铣削加工基础，主要介绍数控铣床种类、刀具、数控铣削加工工艺；第三部分为数控编程指令，主要介绍数控车削与铣削编程指令格式与应用；第四部分为数控车铣基本操作，主要介绍文明生产与安全操作规程、数控车铣加工量具、数控车床铣床基本操作方法与步骤；第五部分为数控车铣加工零件，对接数控车铣加工技能等级证书，选取传动轴和端盖为载体，进行数控车、数控铣加工流程展示，使理论知识实践化。

本书由吉林电子信息职业技术学院王丹、王利利任主编，纬湃汽车电子(长春)有限公司刘红、吉林电子信息职业技术学院谢鑫任副主编，吉林电子信息职业技术学院周立波、陈峻岐参与编写。具体编写分工如下：王丹编写第一部分，第二部分单元一、单元二，第四部分；王利利编写第三部分单元一至单元七；刘红编写第二部分单元三；谢鑫编写第五部分；周立波编写第三部分单元八至单元十。陈峻岐负责部分图表处理。全书由王丹统稿。

在编写过程中，由于编者水平有限，书中难免有不足和疏漏之处，恳请广大读者批评指正。

编　者

2024 年 5 月

目 录

第一部分　数控车削加工基础 ………… 1

单元一　认识数控车削加工 …………… 1
1.1　数控车床基本组成 ……………… 1
1.2　数控车床的分类 ………………… 2
1.3　数控车床工作原理 ……………… 5

单元二　数控车削常用刀具 …………… 6
2.1　数控车刀类型 …………………… 6
2.2　机夹可转位车刀的选用 ………… 8

单元三　数控车削加工工艺 …………… 17
3.1　数控车削加工工艺 ……………… 17
3.2　数控车床主要加工对象 ………… 17
3.3　分析零件图样 …………………… 18
3.4　确定加工方案 …………………… 19
3.5　工件在数控车床上的定位与装夹 …………………………… 24
3.6　切削用量 ………………………… 26

第二部分　数控铣削加工基础 ………… 30

单元一　数控铣削加工 ………………… 30
1.1　数控铣床基本组成 ……………… 30
1.2　数控铣床的分类 ………………… 30

单元二　数控铣削刀具 ………………… 32
2.1　数控铣床刀柄系统 ……………… 32
2.2　数控铣刀 ………………………… 37
2.3　孔加工刀具 ……………………… 40

单元三　数控铣削加工工艺 …………… 41
3.1　数控铣削及加工中心的主要加工对象 ………………… 41
3.2　数控铣削加工零件工艺性分析 …………………………… 41
3.3　工件在数控铣床上的定位与装夹 …………………………… 44
3.4　工序的划分 ……………………… 47

3.5　确定进给路线 …………………… 49
3.6　切削用量 ………………………… 52

第三部分　数控编程指令 ……………… 56

单元一　数控编程基础 ………………… 56
1.1　数控加工过程 …………………… 56
1.2　数控机床坐标系 ………………… 56
1.3　工件坐标系 ……………………… 58

单元二　基本编程指令 ………………… 59
2.1　辅助功能 ………………………… 59
2.2　进给功能 ………………………… 60
2.3　刀具功能 ………………………… 60
2.4　主轴转速功能 …………………… 61

单元三　准备功能指令 ………………… 62
3.1　快速点定位 ……………………… 62
3.2　直线插补 ………………………… 62
3.3　圆弧插补指令 …………………… 63

单元四　轮廓循环指令 ………………… 65
4.1　内外圆柱（锥）面固定循环 …… 65
4.2　端面（径向）固定循环 ………… 65
4.3　内（外）径粗车复合循环指令 …………………………… 66
4.4　端面粗车复合循环指令 ………… 68

单元五　螺纹加工指令 ………………… 69
5.1　单行程螺纹插补指令 …………… 69
5.2　螺纹切削单一固定循环指令 …… 70
5.3　螺纹切削复合循环指令 ………… 71

单元六　刀具补偿功能 ………………… 73
6.1　刀具半径补偿功能 ……………… 73
6.2　刀具长度补偿功能 ……………… 75

单元七　孔加工固定指令 ……………… 77
7.1　孔加工循环指令概述 …………… 77
7.2　钻孔循环指令 G81 ……………… 77
7.3　带停顿的钻孔循环指令 G82 … 78

目 录

 7.4 高速深孔加工循环指令 G73 …… 79
 7.5 深孔往复排屑钻孔循环
   指令 G83 …………………… 80
 7.6 精镗孔循环指令 G76 ………… 80
 7.7 攻左螺纹循环指令 G74 ……… 81
 7.8 攻右螺纹循环指令 G84 ……… 82
 7.9 取消孔加工循环指令 G80 …… 83

单元八 子程序与宏程序指令 ……… 84
 8.1 子程序 M98/M99 …………… 84
 8.2 宏程序 ………………………… 85

单元九 简化编程指令 ……………… 86
 9.1 镜像功能 G51.1 ……………… 86
 9.2 缩放功能 G51 ………………… 87
 9.3 旋转变换 G68 ………………… 87

单元十 其他编程指令 ……………… 89
 10.1 暂停指令 G04 ……………… 89
 10.2 G01 倒角与倒圆角功能 …… 89
 10.3 返回参考点相关指令 ……… 90

第四部分 数控车铣基本操作 ……… 92

单元一 文明生产与安全操作规程 … 92
 1.1 6S 现场管理法 ……………… 92
 1.2 安全生产警示标志 …………… 92
 1.3 数控机床安全操作规程 …… 93

单元二 数控机床维护与保养 …… 94
 2.1 数控机床维护与保养的
   目的和意义 ………………… 94
 2.2 数控机床日常保养 ………… 94

单元三 数控机床常用量具 ……… 97
 3.1 数控机床常用量具 ………… 97
 3.2 刻线原理与读数 …………… 98
 3.3 常用量具结构 ……………… 99
 3.4 量具的使用 ………………… 102
 3.5 量具维护与保养 …………… 103

单元四 数控车床基本操作（FANUC
   系统） ……………………… 106
 4.1 数控车床操作界面 ………… 106
 4.2 数控车床开关机 …………… 106
 4.3 数控车床回零 ……………… 106
 4.4 数控车床刀具安装 ………… 107
 4.5 数控车床主轴赋予初始
   速度 ………………………… 107
 4.6 数控车床手动操作 ………… 108
 4.7 数控车床手轮操作 ………… 108
 4.8 数控车床对刀操作 ………… 108
 4.9 数控车床程序编辑 ………… 111
 4.10 数控车床程序运行 ………… 112
 4.11 数控车床尺寸控制 ………… 112

单元五 数控铣床基本操作（FANUC
   系统） ……………………… 114
 5.1 数控铣床开关机 …………… 114
 5.2 数控铣床回零 ……………… 114
 5.3 数控铣床工件安装与找正 … 114
 5.4 数控铣床刀具安装 ………… 115
 5.5 数控铣床主轴启动 ………… 116
 5.6 数控铣床程序编辑 ………… 116
 5.7 数控铣床手动操作 ………… 117
 5.8 数控铣床手轮操作 ………… 117
 5.9 数控铣床对刀操作 ………… 117
 5.10 数控铣床自动加工 ………… 119
 5.11 数控铣床刀具补偿设置 …… 119

第五部分 数控车铣加工零件 ……… 120

单元一 传动轴数控加工 …………… 120
 1.1 零件图识读与分析 ………… 120
 1.2 加工工艺制定 ……………… 121
 1.3 程序编制 …………………… 123
 1.4 传动轴数控加工 …………… 126

单元二 端盖数控加工 …………… 128
 2.1 零件图识读与分析 ………… 128
 2.2 端盖加工工艺 ……………… 129
 2.3 端盖程序编制 ……………… 131
 2.4 端盖数控加工 ……………… 136

参考文献 …………………………… 138

第一部分　数控车削加工基础　　单元一　认识数控车削加工

1.1　数控车床基本组成

1.1.1　基本概念

数字控制	数字控制是一种借助数字、字符或其他符号对某一工作过程（如加工、测量、装配等）进行可编程控制的自动化方法。
数控技术	是指用数字及字符发出指令并实现自动控制的技术。
数控车床	数控车床是指采用数字控制技术对机床的加工过程进行自动控制的一类车床。

1.1.2　数控车床基本组成

1. 数控车床基本组成示意图

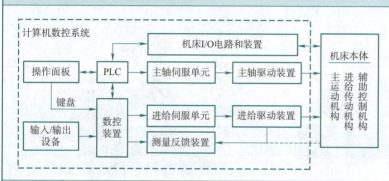

数控车床一般由输入/输出设备、数控装置（又称 CNC 单元）、进给伺服单元、进给驱动装置（又称执行机构）及电气控制装置、辅助控制机构、机床本体、检测反馈装置等组成。

视频

数控机床组成与分类

机床本体	机床本体主要包括床身、底座、立柱、横梁、滑座、工作台、主轴箱、进给机构、刀架及自动换刀装置。 （1）机床采用高性能的主轴及伺服传动系统,数控机床的机械传动结构大为简化,传动链较短。 （2）数控机床机械结构具有较高的动态刚度和阻尼精度,具有较高的耐磨性而且热变形性小,适应连续的自动化加工。 （3）数控机床更多地采用了高效传动部件,如滚珠丝杠副、直线导轨等,以减少摩擦,提高传统精度。
伺服系统	伺服系统是数控系统的执行部件,它包括电动机、速度控制单元、测量反馈单元、位置控制等部分。伺服系统将数控系统发来的各种运动指令转换成机床移动部件的运动。
输入/输出设备	输入/输出设备用于记载零件加工的工艺过程、工艺参数和位移数据等各种加工信息,从而控制机床的运动,实现零件的机械加工。可采用操作面板上的按钮和键盘直接输入加工程序,或通过串行口将计算机上编写的加工程序输入数控系统中。
数控装置	数控装置是数控机床的核心,它的作用是接收输入装置所输入的加工信息,实现数值的计算、逻辑判断、输入/输出控制等功能。
检测反馈装置	检测反馈装置是将机床的实际位置、速度等参数检测出来,转变成电信号,传输给数控装置,通过比较校核机床的实际位置与指定位置是否一致,并由数控装置发出指令修正所产生误差。目前,数控机床上常用的检测反馈装置主要有光栅、磁栅、感应同步器、码盘、旋转变压器、测速发电机。

业精于勤,荒于嬉;行成于思,毁于随。

第一部分 数控车削加工基础　　单元一 认识数控车削加工

2. 数控系统组成框图

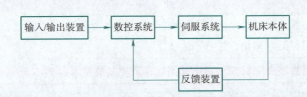

3. 数控车床结构

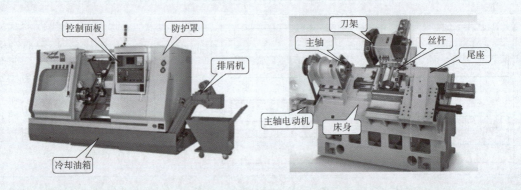

1.2 数控车床的分类

1.2.1 按数控车床主轴位置分类

1. 立式数控车床

结构特点	立式数控车床的主轴垂直于水平面,并有一个直径较大的用于装夹工件的工作台。
实际应用	主要用于加工径向尺寸较大、轴向尺寸较小的大型复杂零件。

2. 卧式数控车床

结构特点	卧式数控车床的主轴平行于水平面,又可分为水平导轨卧式数控车床和倾斜导轨卧式数控车床。
实际应用	主要适合加工轴类零件,适合程度广泛。

1.2.2 按刀架数量分类

单刀架数控车床	双刀架数控车床

1.2.3 按控制方式分类

1. 开环控制数控车床

含义
开环控制数控车床不带位置检测元件,而是使用功率步进电动机作为执行元件。数控装置每发出一个指令脉冲,经驱动电路功率放大以后,驱动步进电动机旋转一个角度,再由传动机构带动机床工作台移动。
特点
开环控制系统的数控车床受步进电动机的步距精度和传动机构的传动精度的影响,难以实现高精度加工。但由于系统结构简单、成本较低、技术容易掌握,所以使用仍为广泛。普通车床的改造大多采用开环控制系统。

2. 闭环控制数控车床

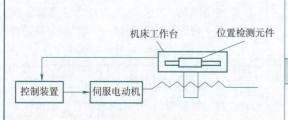

含义
闭环控制数控车床接受插补器的指令,而且随时与工作台端测得的实际位置反馈信号进行比较,并根据其差值不断进行自动误差修正。
特点
闭环数控车床可以基本消除由于传动部件制造误差给工件加工带来的影响,能得到很高的加工精度。闭环伺服系统主要用于精度要求很高的数控车床装置,如车削加工中心等。

第一部分 数控车削加工基础   单元一 认识数控车削加工

3. 半闭环控制数控车床

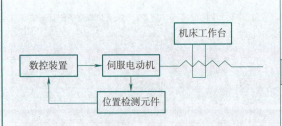

含义
半闭环控制数控车床测量元件在电动机端头或者丝杆端头,位置检测装置环路内不包括丝杆、螺母副及工作台。

特点
比开环控制系统精度高,但它的位移精度比闭环控制系统要低。位置检测元件安装方便,调试容易,性价比较高,为大多数经济型数控车床广泛采用。

1.2.4 按数控系统功能分类

1. 经济型数控车床

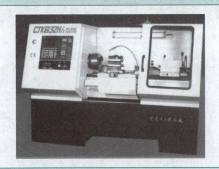

经济型数控车床是在普通车床基础上改造而来的,一般采用步进电动机驱动的开环控制系统,其控制部分通常采用单板机或单片机实现。此类车床结构简单、价格低廉,但缺少一些诸如刀尖圆弧半径自动补偿和恒表面线速度切削等功能。一般只能进行两个平动坐标(刀架的移动)的控制和联动。

2. 全功能型数控车床

全功能型数控车床就是人们日常所说的"数控车床"。它的控制系统是全功能型的,带有高分辨率的CRT(阴极射线管)显示器,带有各种显示、图形仿真、刀具和位置补偿等功能,带有通信或网络接口;采用闭环或半闭环控制的伺服系统,可以进行多个坐标轴的控制;具有高刚度、高精度和高效率等特点。

3. 车削中心

车削中心是在全功能型数控车床基础上发展起来的一种复合加工机床,配备刀库、自动换刀器、分度装置、铣削动力头和机械手等部件,能实现多工序复合加工。工件在一次装夹后,它不但能完成数控车床对回转型面的加工,还能完成回转零件上各个表面的加工,如在圆柱或端面上铣槽或平面等。车削中心的功能全面,加工质量和速度都很高,价格也较高。

1.3 数控车床工作原理

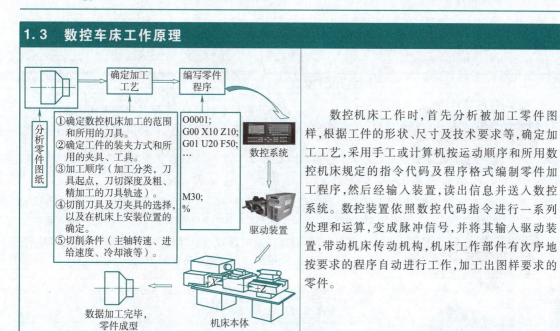

数控机床工作时,首先分析被加工零件图样,根据工件的形状、尺寸及技术要求等,确定加工工艺,采用手工或计算机按运动顺序和所用数控机床规定的指令代码及程序格式编制零件加工程序,然后经输入装置,读出信息并送入数控系统。数控装置依照数控代码指令进行一系列处理和运算,变成脉冲信号,并将其输入驱动装置,带动机床传动机构,机床工作部件有次序地按要求的程序自动进行工作,加工出图样要求的零件。

2.1 数控车刀类型

1. 按刀具结构形式分

	整体式车刀
	整体式车刀由整块材料磨制而成，使用时根据不同用途将切削部分磨成所需形状。其优点是结构简单、使用方便、可靠、更换迅速等，由高速钢制造，切削刃可刃磨得很锋利。用于小型车床上加工非铁金属。
	焊接式车刀
	焊接式车刀是在中碳钢刀杆上焊接硬质合金或高速钢刀片后形成，结构紧凑，使用灵活。适用于各类车刀，特别是较小刀具。
	机夹式车刀
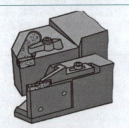	通过机械压紧的方法将刀体和刀柄连接在一起；避免了焊接产生的应力、裂纹等缺陷，刀片用钝后可更换，刀柄利用率高。是数控车床常用的刀具。用于外圆、端面等车刀、镗刀、切断刀、螺纹车刀。
	机夹可转位式车刀
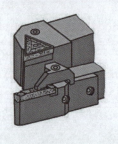	可转位式车刀是将可转位的硬质合金刀片用机械方法夹持在刀杆上形成的。当一个切削刃磨损后，松开夹紧机构，将刀片转位到另一切削刃后再夹紧，即可进行切削，当所有切削刃磨损后，则可取下再代之以新的同类刀片。可转位车刀无须刃磨就可使用。避免了焊接产生的缺点，刀片可快速转位；生产效率高、切削稳定。适用于大中型车床、自动生产线和数控车床。

2. 按被加工表面的特征分

	尖形车刀
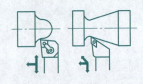	以直线形切削刃为特征的车刀一般称为尖形车刀。
	圆弧形车刀
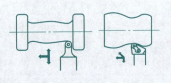	圆弧形车刀主切削刃的形状为一圆度或线轮廓度误差很小的圆弧。

	成形车刀
	成形车刀俗称样板车刀,其加工零件的轮廓形状完全由车刀切削刃的形状和尺寸决定。

3. 按加工功能分

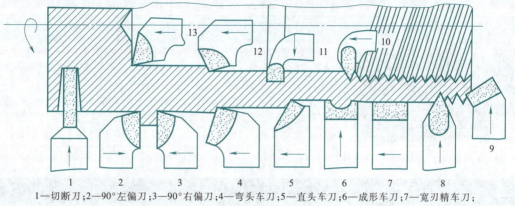

1—切断刀;2—90°左偏刀;3—90°右偏刀;4—弯头车刀;5—直头车刀;6—成形车刀;7—宽刃精车刀;8—外螺纹车刀;9—端面车刀;10—内螺纹车刀;11—内槽车刀;12—通孔车刀;13—盲孔车刀

4. 按制造材料分

	高速钢刀具
	高速钢是一种加入了较多的钨、钼、铬、钒等合金元素的高合金工具钢。高速钢的材料性能较硬质合金和陶瓷稳定,但延压性较差,热加工性困难,耐热冲击较弱,因此高速钢刀具可以用来加工从有色金属到高温合金等材料。由于高速钢容易磨出锋利的切削刃,能锻造,所以在复杂刀具上广泛使用。
	硬质合金刀具
	硬质合金是将钨钴类(WC)、钨钴钛(WC-TiC)、钨钛钽(铌)钴(WC-TiC-TaC)等难熔金属碳化物,用金属黏结剂 Co 或 Ni 等经粉末冶金方法压制烧结而成。硬质合金的抗弯强度比高速钢低得多,冲击韧度也较差,故不能像高速钢刀具那样承受大的切削振动和冲击负荷。硬质合金由于切削性能优良,因此被广泛用作刀具材料。
	陶瓷刀具
	陶瓷刀具是在陶瓷基体中添加各种碳化物、氮化物、硼化物和氧化物等,并按照一定生产工艺制成的。它具有很高的硬度、耐磨性、耐热性和化学稳定性等独特的优越性,在高速切削范围以及加工某些难加工材料,特别是加热切削方面,包括涂层刀具在内的任何高速钢和硬质合金刀具都无法与之相比。陶瓷刀具所具备的优异切削性能及高可靠性,使数控机床的高自动化、高生产率的性能得以充分发挥。

立方氮化硼刀具

立方氮化硼是靠超高压、高温技术人工合成的新型材料,其结构与金刚石相似。它的硬度略逊于金刚石,但热硬性远高于金刚石,且与铁族元素亲和力小,加工中不易产生切屑瘤。

立方氮化硼是迄今为止能够加工铁系金属的最硬的一种刀具材料。硬度达 60~70 HRC 的淬硬钢等高硬材料均可采用立方氮化硼刀具进行切削加工,使加工效率得到了极大的提高。

聚晶金刚石刀具

聚晶金刚石是用人造金刚石颗粒,通过添加 C、硬质合金、NiCr、Si-SiC 以及陶瓷黏结剂,在高温(1 200 ℃)、高压下烧结成形的刀具,在实际生产中得到了广泛应用。

金刚石刀具适用于高效加工有色金属和非有色金属材料,能得到高精度、高光亮度的加工表面。特别是聚晶金刚石刀具消除了金刚石的性能异向性,使得其在高精加工领域中得到了普及。金刚石在大气中温度超过 600 ℃ 时将被碳化而失去本来面目,因此金刚石刀具不适宜用在可能会产生高温的切削中。

2.2 机夹可转位车刀的选用

2.2.1 刀片和刀柄编码规则公制总览

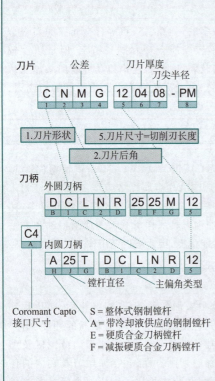

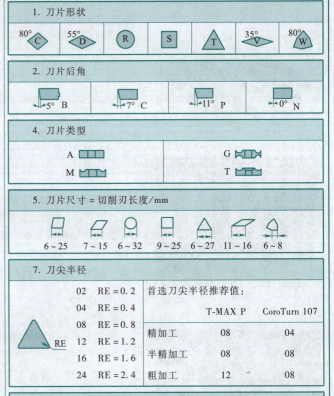

第一部分 数控车削加工基础　　单元二 数控车削常用刀具

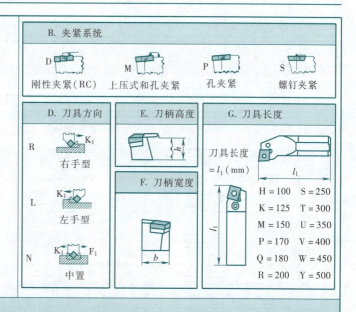

2.2.2 刀片编号规则

1. 刀片与刀片代码

➢ 最常用的车刀刀片形状为：三种菱形（C、D、V 型）刀片，三角形（T 型）刀片、正四方形（S 型）刀片、不等角六角形（W 型）刀片和圆形（R 型）刀片。

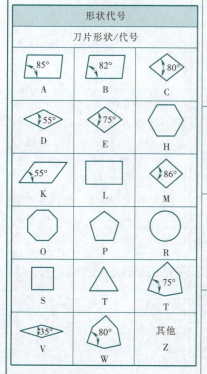

正三角形刀片（代号 T）可用于主偏角为 60°或 90°的外圆车刀、端面车刀、内控车刀等，此类车刀刀尖角小、强度较差、耐用度较低，只适用于较小的切削用量。

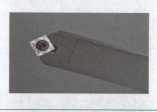

正方形刀片（代号 S）的刀尖角为 90°，比正三角形刀片的刀尖角要大，因此其强度和散热性能均有所提高。这种刀片通用性较好，主要用于主偏角为 45°、60°、75°等的外圆车刀、端面车刀和镗孔刀。

不等角六角形（代号 W），用于主偏角为 90°的外圆车刀。

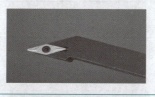

三种菱形（代号 C、V、D），C 型刀片主要用于主偏角为 90°的外圆车刀；刀尖角为 35°的 V 型、刀尖角为 55°的 D 型刀片主要用于曲面加工。

圆形（代号 R），用于曲面加工。

2. 主切削刃后角

主切削刃后角				
代号	后角	代号	后角
A	3°	B	5°
C	7°	D	15°
E	20°	F	25°
G	30°	N	0°
P	11°	Q	其他的后角

- 主切削刃法后角由0°、3°、5°、7°、11°、15°、20°、25°、30°作为标准值,分别由N、A~G、P各代号代表,不在此系列的以O作代号。一般粗加工、半精加工可用N型。
- 半精加工、精加工可用C型、P型,也可用带断屑槽形的N型刀片。较硬铸铁、硬钢可用N型。不锈钢可用C型、P型。加工铝合金可用P型、E型等。
- 加工弹性恢复性好的材料可选用较大一些的后角。一般镗孔刀片选用C型、P型,大尺寸孔可选用N型。车刀的实际后角靠刀片安装倾斜形成。

3. 公差

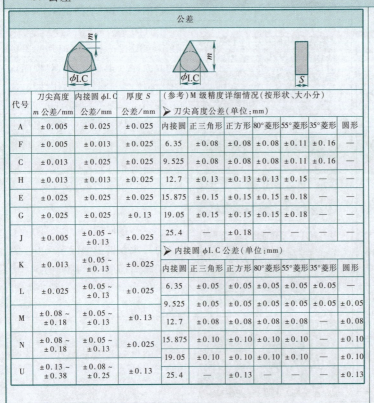

代号	刀尖高度 m 公差/mm	内接圆 ϕI.C 公差/mm	厚度 S 公差/mm	(参考)M级精度详细情况(按形状、大小分)					
				刀尖高度公差(单位:mm)					
				内接圆	正三角形	正方形	80°菱形	55°菱形	35°菱形	圆形
A	±0.005	±0.025	±0.025							
F	±0.005	±0.013	±0.025	6.35	±0.08	±0.08	±0.08	±0.11	±0.16	—
C	±0.013	±0.025	±0.025	9.525	±0.08	±0.08	±0.08	±0.11	±0.16	—
H	±0.013	±0.013	±0.025	12.7	±0.13	±0.13	±0.13	±0.15	—	—
E	±0.025	±0.025	±0.025	15.875	±0.15	±0.15	±0.15	±0.18	—	—
G	±0.025	±0.025	±0.13	19.05	±0.15	±0.15	±0.15	±0.18	—	—
J	±0.005	±0.05~±0.13	±0.025	25.4	—	±0.18	—	—	—	—
				内接圆 ϕI.C 公差(单位:mm)					
K	±0.013	±0.05~±0.13	±0.025	内接圆	正三角形	正方形	80°菱形	55°菱形	35°菱形	圆形
L	±0.025	±0.05~±0.13	±0.025	6.35	±0.05	±0.05	±0.05	±0.05	±0.05	—
				9.525	±0.05	±0.05	±0.05	±0.05	±0.05	±0.05
M	±0.08~±0.18	±0.05~±0.13	±0.13	12.7	±0.08	±0.08	±0.08	—	—	±0.08
N	±0.08~±0.18	±0.05~±0.13	±0.025	15.875	±0.10	±0.10	±0.10	±0.10	—	±0.10
				19.05	±0.10	±0.10	±0.10	±0.10	—	±0.10
U	±0.13~±0.38	±0.08~±0.25	±0.13	25.4	—	±0.13	—	—	—	±0.13

- 允许偏差等级的字母代号见左表。刀片的精度具有A、C、E、F、G、H、M、N、U等数种,其中M级是最常用的,是较经济的,应优先选用。
- A级到J级刀片经过研磨精度较高。刀片精度要求较高,常选用G级,小型精密刀具的刀片,可达E级或更高级别。

世上无难事,只怕有心人。

4. 断屑槽及夹固形式

断屑槽及夹固形式							
公制							
代号	有无孔	有无断屑槽	刀片剖面	代号	有无孔	有无断屑槽	刀片剖面
B	有	无	>65°	N	无	无	
H	有	单面	>65°	R	无	单面	
C	有	无	>65°	F	无	双面	
J	有	双面	>65°	A	有	无	
W	有	无	≤65°	M	有	单面	
T	有	单面	≤65°	G	有	双面	
Q	有	无	≤65°	X	—	—	特殊
U	有	双面	≤65°				

- 夹固形式及有无断屑槽的字母代号见左表。此表中的字母代号表示刀片上有无断屑槽(单面还是双面)、刀片有无安装孔、安装孔上有无倒角。
- 由于数控加工过程为全自动、封闭加工,若切屑连续不断,容易缠绕刀具或工件,引起刀具磨损或工件已加工表面被破坏,引起自动排屑困难。因此数控车削一般采用有断屑槽的可转位刀片,无断屑槽刀片主要用于加工铸铁或高硬材料等。
- 无安装孔刀片与刀具连接采用压板压紧式,该方式定位精度低,一般不采用,主要用于陶瓷刀片。安装孔带倒角的主要用于螺钉压紧式固定刀片,无倒角安装孔采用杠杆压紧式或复合压紧式固定刀片。

5. 切削刃长度

切削刃长度								
内切圆直径/mm	刀片形状							
	C	D	R	S	T	V	W	K
3.97					06			
5.0			05					
5.56					09			
6.0			06					
6.35	06	07			11	11		
8.0			08					
9.525	09	11	09	09	16	16	06	16
10.0			10					
12.0			12					
12.7	12	15	12	12	22	22	08	
15.875	16		15	15	27			
16.0		19	16					
19.05	19		19	19	33			
20.0			20					
25.0	25	25	25					
25.4			25	25				
31.75			31					
32			32					

- 各种刀片尺寸大小是以其内接圆直径大小或刃长来表示。一般以最大背吃刀量的大小来选择,以常用C型刀片为例,最大背吃刀量在6.35 mm以下,常选用内接圆直径为12.7 mm的刀片为宜。
- 通常选刃长较长的,以适用多种背吃刀量加工,其综合成本较低。以C型刀片内接圆直径19.05 mm的刀片为例,它适合9.5~12.7 mm背吃刀量的加工。

6. 刀片厚度

刀片厚度

厚度指刀片底面与切削刃最高部分之间的高度

代号	刀片厚度/mm
00	0.79
T0	0.99
01	1.59
T1	1.98
02	2.38
T2	2.58
03	3.18
T3	3.97
04	4.76
T4	4.96
05	5.96
T5	5.95
06	6.35
T6	6.75
07	7.94
09	9.52
T9	9.72
11	11.11
12	12.70

- ➤ 刀片厚度的选择主要考虑其强度。刀片厚度越大，可承受切削负荷越大。在满足强度的前提下，尽量选择厚度小的刀片。
- ➤ 但一般的刀片生产厂厂家都按一定的刀片边长配一种或两种刀片厚度。因此，也可由厂家提供的产品样本按刀片边长（或内切圆直径）确定。

7. 刀尖圆角

刀尖圆弧半径 r_ε/mm	0.4	0.8	1.2	1.6
进给量 f/mm	0.25~0.35	0.4~0.7	0.5~1.0	0.7~1.3

- ➤ 刀尖圆弧半径的大小直接影响刀尖的强度及被加工零件的表面粗糙度。
- ➤ 刀尖圆弧半径大，表面粗糙度值增大，切削力增大且易产生振动，切削性能变差，但刀刃强度增加，刀具前后刀面磨损减少。通常在切削较小的精加工、细长轴加工、机床刚度较差的情况下，选用刀尖圆弧较小些的；而在需要刀刃强度高、工件直径大的粗加工中，选用刀尖圆弧大些的。
- ➤ 刀尖圆弧半径 r_ε 大小的选择主要由进给量 f 按经验公式确定，一般适宜选取进给量的 2~3 倍，也可以按左表选取。

2.2.3 刀片夹紧方式

1. 夹紧元件基本要求

可转位刀片的刀具由刀片、定位元件、夹紧元件和刀体所组成,为了使刀具能达到良好的切削性能,对刀片的夹紧元件有以下基本要求:
①夹紧可靠,不允许刀片松动和移动。
②定位准确,确保定位精度和重复精度。
③排屑流畅,有足够的排屑空间。
④结构简单,操作方便,制造成本低,转位动作快,换刀时间较短。

2. 常见夹紧方式

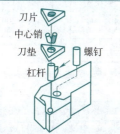

杠杆式夹紧

应用杠杆原理对刀片进行夹紧。当旋动螺钉时,通过杠杆产生的夹紧力将刀片定位夹紧在刀槽侧面上;旋出螺钉时刀片松开。

特点:定位精度高,夹固牢靠,受力合理,使用方便,但工艺性较差,适合于专业工具厂大批量的生产。

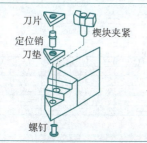

楔块上压式夹紧

该结构是把刀片通过内孔定位在刀杆刀片槽的销轴上,由压紧螺钉下压带有斜面的楔块,使其一面紧靠在刀杆凸台上,另一面将刀片推往刀片中间孔的圆柱销上,将刀片压紧。

特点:简单易操作,但定位精度较低,且夹紧力与切削力相反。

螺钉上压式夹紧

它是利用螺钉上端部的一个偏心销,将刀片夹紧在刀杆上。

特点:该结构靠偏心夹紧,靠螺钉自锁,结构简单,操作方便,但不能双边定位。由于偏心量过小,容易使刀片松动,故偏心式夹紧机构一般适用于连续平稳切削的场合。

3. 夹紧方式选择

一般将它们依照其适应性分为三个等级,3级表示最合适的选择,具体可参见下表。

加工范围	夹紧方式		
	杠杆式	楔块上压式	螺钉上压式
可靠夹紧/紧固	3	3	3
仿形加工/易接近性	2	3	3
重复性	3	2	3
仿形加工/轻负荷加工	2	3	3
断续加工	3	2	3
外圆加工	3	1	3
内圆加工	3	3	3

世上无难事,只怕有心人。

2.2.4 刀杆型号

可转位外圆车刀型号一般由9个代号组成,分别表示:压紧方式、刀片形状、刀具形式与主偏角、刀片后角、切削方向、刀尖高度、刀体宽度、刀具长度、切削刃长。

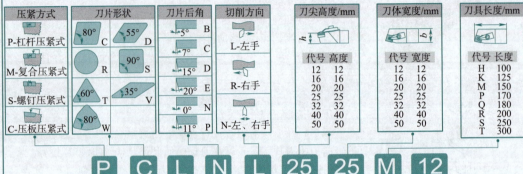

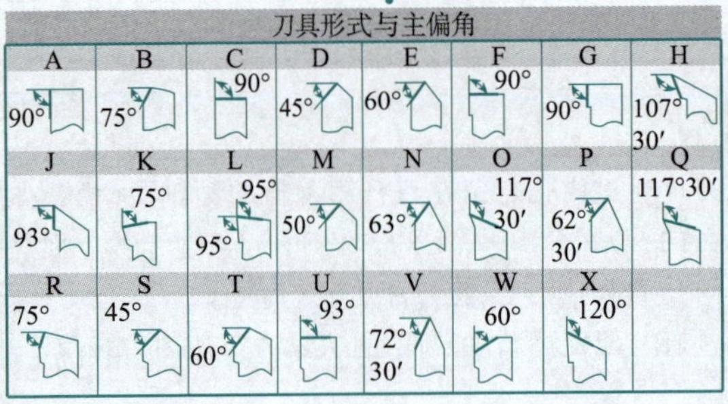

刀片形状	C	D	R	S	T	V	W
	80°	55°			60°	35°	80°
内接圆 I.C/mm	切削刃长度/mm						
5.556	—	—	—	—	09	—	—
6.350	06	07	—	—	11	—	—
9.525	09	11	09	09	16	16	06
12.700	12	15	12	12	22	22	08
15.875	16	19	15	15	27	—	—
19.050	19	—	19	19	33	—	—
25.400	25	—	25	25	44	—	—
32.000	—	—	32	—	—	—	—

2.2.5 选刀建议

1. 切削参数与刀具寿命

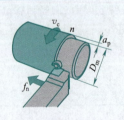

v_c——削速度,确保最佳刀具寿命;

f_n——进给速度,缩短切削时间;

a_p——切削深度,减少切削走刀次数。

切削速度 v_c——决定刀具寿命的单一最大因素

过高:
- 表面质量差;
- 快速后刀面磨损;
- 快速月牙洼磨损;
- 塑性变形。

过低:
- 积屑瘤;
- 经济性差。

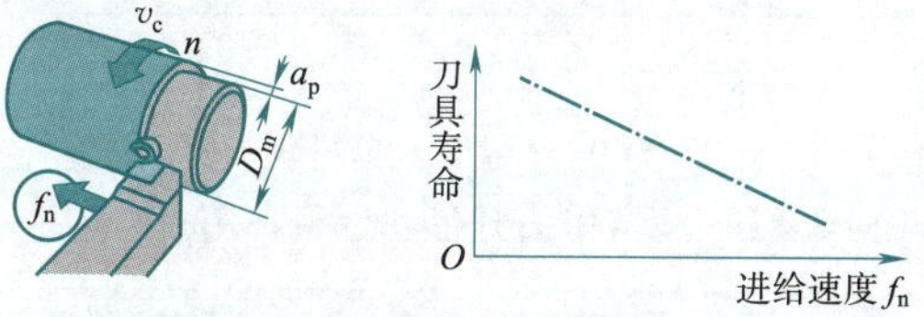

	进给速度 f_n——决定生产率的单一最大因素	
	过高： ➢ 无法进行切屑控制； ➢ 表面质量差； ➢ 月牙洼磨损、塑性变形； ➢ 高功耗； ➢ 切屑熔结； ➢ 切屑冲击。	过低： ➢ 长切屑； ➢ 经济性差。
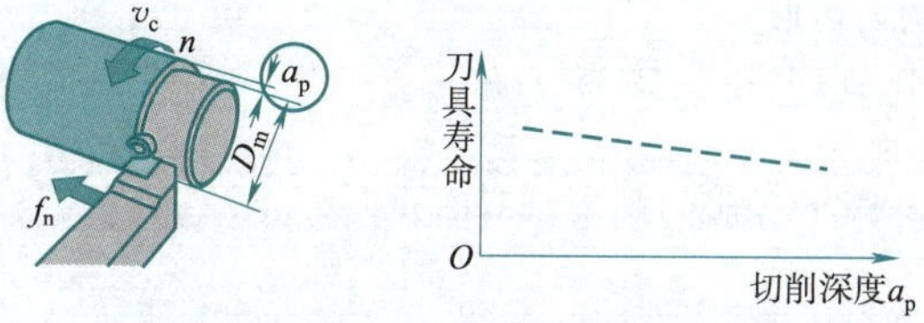	切削深度 a_p——对刀具寿命影响很小	
	过深： ➢ 高功耗； ➢ 刀片破裂； ➢ 更高的切削力。	过小： ➢ 无法进行切屑控制； ➢ 振动； ➢ 过热； ➢ 经济性差。

2. 外圆刀选刀建议

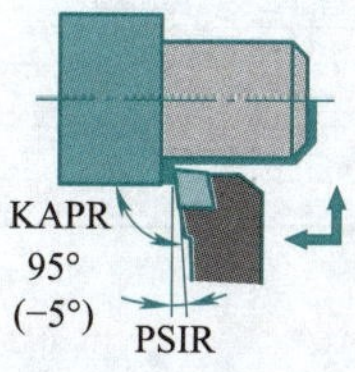

	纵向车削/端面车削——最常见的车削工序
	➢ 常用的是菱形 C 型（80°）刀片。 ➢ 常用的是主偏角为 95°和 93°（切入角为 -5°和 -3°）的刀柄。 ➢ C 型刀片的替代选择为 D 型（55°）、W 型（80°）和 T 型（60°）刀片。
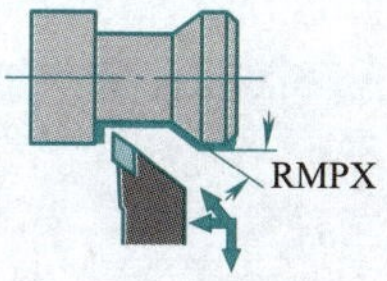	仿形切削——通用性和可达性是决定因素
	➢ 为了获得满意的加工结果，应考虑有效的主偏角 KAPR（切入角 PSIR）。 ➢ 最常用的主偏角为 93°（切入角为 -3°），因为它能够实现 22°~27°的内仿形角。 ➢ 最常用的刀片形状为 D 型（55°）和 V 型（35°）。
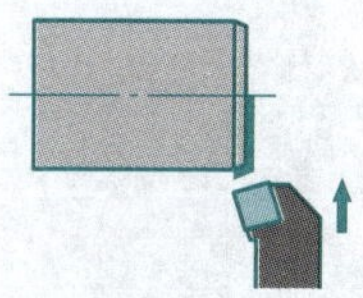	端面车削——刀具沿径向进给
	➢ 注意切削速度，在沿径向进给时，它将逐渐改变。 ➢ 常用的主偏角为 75°和 95°/91°（切入角为 15°和 -5°/-1°）。 ➢ 常用的是 C 型（80°）和 S 型（90°）刀片。
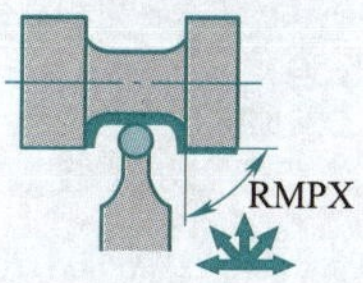	仿形槽车削——一种浅槽加工或加宽方法
	➢ 圆刀片非常适用于插车，因其既可用于径向进给，又可用于轴向进给。 ➢ 常用的是圆刀片中置 90°刀柄。

3. 内孔刀选刀建议

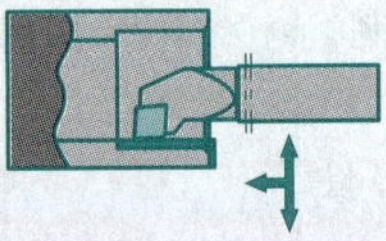

	纵向车削/端面车削——最常用的内圆车削工序	
	➢ 常用的是菱形 C 型 80°刀片。 ➢ 常用的是主偏(切入)角为 95°(−5°)和 93°(−3°)的镗杆。 ➢ D 型 55°、W 型 80°和 T 型 60°刀片形状也很常用。	
	仿形切削——通用性和可达性是决定因素	
	➢ 应考虑有效的主偏角 KAPR（切入角 PSIR）。 ➢ 常用的是主偏(切入)角为 93°(−3°)的镗杆，它能够实现 22°~27°的内仿形角。 ➢ 常用的是 D 型 55°和 V 型 35°刀片。	
	纵向车削——执行镗削工序，对现有的孔扩孔	
	➢ 推荐接近 90°(0°)的主偏(切入)角。 ➢ 使用尽可能短的悬伸。 ➢ 常用的是 C 型 80°、S 型 90°和 T 型 60°刀片。	
	背镗——使用反向进给的镗削工序	
	➢ 它用于车削小于 90°的台肩。 ➢ 常用的是主偏(切入)角为 93°(−3°)的镗杆和 D 型 55°刀片。	

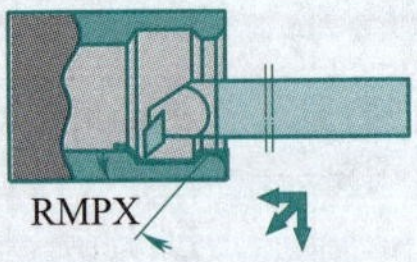

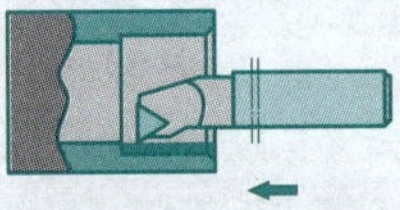

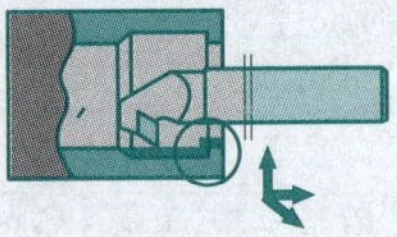

第一部分　数控车削加工基础　　单元三　数控车削加工工艺

3.1　数控车削加工工艺

数控车削加工工艺主要内容：
- 通过数控车削加工的适应性分析,确定进行数控加工的零件内容(即加工对象)。
- 分析零件图,明确加工内容和技术要求。
- 确定加工方案,制定数控加工工艺路线。如划分工序、安排加工顺序,处理与非数控加工工序的衔接等。
- 数控加工工序的设计。如选择定位基准、确定装夹方案、选用刀具、确定切削用量等。
- 编制数控加工程序。
- 填写数控加工工艺技术文件。

3.2　数控车床主要加工对象

1. 精度要求高的回转体零件

数控车床的刚性好,制造和对刀精度高,以及能方便和精确地进行人工补偿,甚至自动补偿,所以它能够加工尺寸精度要求高的零件。

2. 表面形状复杂的回转体零件

数控车床具有直线和圆弧插补功能,部分车床数控装置还有某些非圆曲线插补功能,所以能车削由任意直线和平面曲线组成的形状复杂的回转体零件和难以控制尺寸的零件。

3. 表面质量要求高的回转体零件

使用数控车床的恒线速度切削功能,可选用最佳线速度来切削锥面、球面和端面等,使车削后的表面粗糙度值小而均匀。

4. 带特殊螺纹的回转体零件

数控车床能车削任何等导程的直、锥和端面螺纹;具有高精密螺纹切削功能。

纸上得来终觉浅,绝知此事要躬行。

3.3 分析零件图样

3.3.1 图样分析

分析零件图样是工艺准备中的首要工作。内容包括零件轮廓的组成要素,尺寸、形状、位置公差要求,表面粗糙度要求,材料及热处理、毛坯以及生产批量等,这些都是制定合理工艺方案的依据。

1. 尺寸标注方法分析

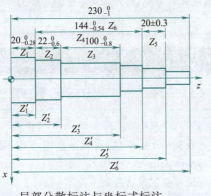

局部分散标注与坐标式标注

零件图上的尺寸标注方法应适应数控车床的加工特点,以同一基准标注尺寸或直接给出坐标尺寸。这种标注方法既便于编程,又有利于设计基准、工艺基准、测量基准和编程原点的统一。如果零件图上各方向的尺寸没有统一的设计基准,可考虑在不影响零件精度的前提下选择统一的工艺基准。计算转化各尺寸,以简化编程计算。

2. 轮廓几何要素分析

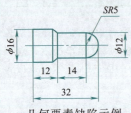

几何要素缺陷示例

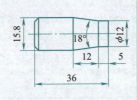

在手工编程时,要计算每个节点坐标。在自动编程时要对零件轮廓的所有几何元素进行定义。因此在进行零件图分析时,要分析几何元素的给定条件是否充分,图样上给定的尺寸要完整,且不能自相矛盾,所确定的加工零件轮廓是唯一的。

3. 精度及技术要求分析

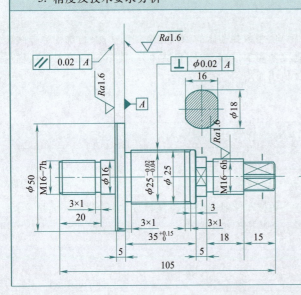

技术要求
1. $35_{\ 0}^{+0.15}$ 和方头处淬火40~45 HRC。
2. 未注倒角C1,退刀槽宽为3 mm。
3. 未注线性尺寸公差应符合GB/T 1804—2000。
4. 未注几何公差应符合GB/T 1184—1996。

对被加工零件的精度和技术进行分析,是零件工艺性分析的重要内容,只有在分析零件尺寸精度和表面粗糙度的基础上,才能正确合理地选择加工方法、装夹方式、刀具及切削用量等。其主要内容包括:分析精度及各项技术要求是否齐全、是否合理;分析本工序的数控车削加工精度能否达到图纸要求,若达不到,允许采取其他加工方式弥补时,应给后续工序留有余量;对图纸上有位置精度要求的表面,应保证在一次装夹下完成;对表面粗糙度要求较高的表面,应采用恒线速度切削(注意:在车削端面时,应限制主轴最高转速)。

3.3.2 结构工艺性分析

零件对加工方法的适应性,指所设计的零件结构应便于加工成形。

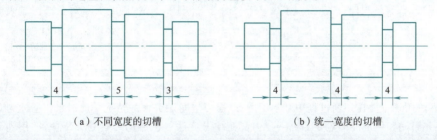

(a) 不同宽度的切槽　　　　　　　(b) 统一宽度的切槽

3.4 确定加工方案

3.4.1 工序划分原则

1. 工序集中

工序集中指每道工序包括尽可能多的加工内容,从而使工序的总数减少。

2. 工序分散

工序分散是将工件的加工分散在较多的工序内进行,每道工序的加工内容很少。

划重点:在数控车床上加工零件,应按工序集中的原则划分工序,应在一次安装下尽可能完成大部分甚至全部表面的加工。一般应根据零件的结构形状不同,选择外圆、端面或内孔、端面装夹,并力求设计基准、工艺基准和编程原点统一的原则划分工序。

3.4.2 工序划分方法

1. 按安装次数划分工序

以每一次装夹作为一道工序。这种方法划分主要适用于加工内容不多的零件。

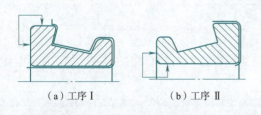

(a) 工序Ⅰ　　　　(b) 工序Ⅱ

例如左图轴承内圈,第一道工序采用图(a)所示的以大端面和大外径定位装夹的方案,滚道和内孔的车削及除大径、大端面及相邻两个倒角外的所有表面均在这次装夹内完成。

第二道工序采用图(b)所示的以内孔和小端面装夹方案、车削大外圆和大端面及倒角。

2. 按粗、精加工划分工序

对易变形或精度要求较高的零件常用这种方法。这种划分工序一般不允许一次装夹就完成加工,而是粗加工时留出一定的加工余量,重新装夹后再完成精加工。

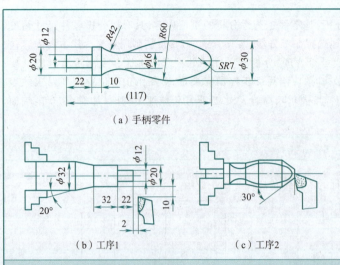

（a）手柄零件

（b）工序1　　　（c）工序2

左图（a）所示为手柄零件，该零件加工所用坯料为φ32 mm圆棒料45#，批量生产，加工时用一台数控车床。工序的划分及装夹方式如下：

工序1：车出φ12 mm和φ20 mm两圆柱面→圆锥面（粗车掉R42 mm圆弧的部分余量）→转刀后按总长要求留下加工余量切断。

工序2：车削包络SR7 mm球面的30°圆锥面→对全部圆弧表面半精车（留少量的精车余量）→换精车刀将全部圆弧表面一刀精车成形。

3. 按所用刀具划分工序

这种方法用于工件在切削过程中基本不变形、退刀空间足够大的情况。此时可以着重考虑加工效率、减少换刀时间和尽可能缩短走刀路线。刀具集中分序法是按所用刀具划分工序，即用同一把刀具或同一类刀具加工完成零件上所有需要加工的部位，以达到节省时间、提高效率的目的。

4. 按加工部位划分工序

按零件的结构特点分成几个加工部分，每个部分作为一道工序。

3.4.3 加工顺序的划分

1. 先粗后精原则

为了提高生产效率并保证零件的精加工质量，在切削加工时应先安排粗加工工序，以在较短的时间内去除精加工前的大量加工余量。

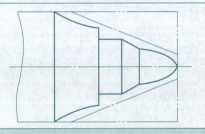

左图细双点画线内所示部分去掉，同时尽量满足精加工余量的均匀性要求。

其中安排半精加工的目的：当粗加工后所留余量的均匀性满足不了精加工要求时，则可安排半精加工过渡性工步，以便使精加工余量小而均匀。精加工时，零件的轮廓应由最后一刀连续加工而成，以保证加工精度。

2. 先近后远原则

在一般情况下，特别是在粗加工时，通常先加工离起刀点近的部位，后加工离起刀点远的部位，以缩短刀具移动距离、减少空行程时间。对于车削加工，先近后远有利于保持毛坯件或半成品件的刚性，改善其切削条件。

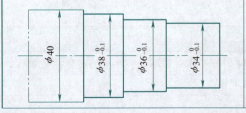

如果按φ38 mm→φ36 mm→φ34 mm的顺序安排车削，不仅会增加刀具返回对刀点所需的空行程时间，而且一开始就削弱了零件的刚性，还可能使台阶的外直角处产生毛刺。对于这类直径相差不大的台阶轴，当第一刀的背吃刀量（小于3 mm）未超限，宜按照φ34 mm→φ36 mm→φ38 mm先近后远的顺序安排车削。

3. 内外交叉原则

对于既有内表面(内型、腔)又有外表面需加工的零件,安排其加工顺序时,应先安排内、外表面的粗加工,后安排内、外表面的精加工。切不可将零件的一部分表面(外表面或内表面)加工完毕后,再加工其他表面(内表面或外表面)。

4. 基面先行原则

用作定位基准的表面应优先加工出来,因为用作定位基准的表面越精确,工件装夹时定位误差就越小。故工件加工的第一道工序一般是进行定位面的粗加工和半精加工(有时包括精加工),然后以精基准加工其他表面。例如,加工轴类零件时,总是先加工中心孔,再以中心孔为精基准加工外圆表面和端面。安排加工顺序遵循的原则是上道工序的加工能为后面的工序提供精基准和合适的夹紧表面。

3.4.4 进给路线的确定

1. 最短的空行程路线

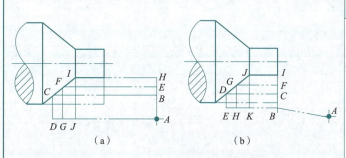

巧用起刀点

图(a)为采用矩形循环方式进行粗加工,考虑到精车换刀方便与安全,故起刀点 A 设置在离坯件较远的位置处。

图(b)起刀点设置在 B 点。

图(a)和(b)所示切削量相同,图(b)空行程路线短。

2. 退刀路线

数控车削中,刀具加工的零件部位不同,退刀路线也不相同。主要考虑退刀安全性及对工件表面质量的影响。

外圆柱面退刀路线	切槽退刀路线	内轮廓退刀路线

3. 轮廓加工路线

径向分层:轴类零件	轴向分层:盘类零件	仿形路线:铸件	三角形路线:其他

纸上得来终觉浅,绝知此事要躬行。

4. 圆弧加工路线

> 凸圆弧粗加工

三角形路线	矩形路线	同心圆路线	等径圆路线

> 凹圆弧粗加工

同心圆路线	等径圆路线	三角形路线	梯形路线

5. 槽加工路线

	**窄槽** 当槽宽度尺寸不大，可用刀头宽度等于槽宽的切槽刀，一次进刀切出。
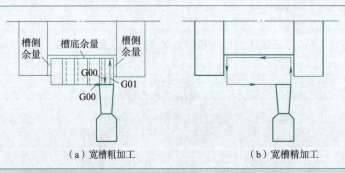 （a）宽槽粗加工　　　（b）宽槽精加工	**宽槽** 当槽宽度尺寸较大（大于切槽刀刀头宽度），应采用多次进刀法加工，并在槽底及槽壁两侧留有一定精车余量，然后根据槽底、槽宽尺寸进行精加工。

6. 螺纹加工路线

普通三角形外螺纹主要部分尺寸及计算公式

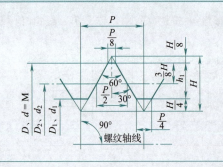

名称	代号	计算公式
牙型角	α	$60°$
螺距	P	
螺纹大径	d	公称直径
螺纹中径	d_2	$d_2 = d - 0.6495P \text{(mm)}$
牙型高度	h_1	$h_1 = 0.5413P \text{(mm)}$
螺纹小径	d_1	$d_1 = d - 2h_1 = d - 1.083P \text{(mm)}$

第一部分 数控车削加工基础　　单元三 数控车削加工工艺

螺纹加工起止位置的确定

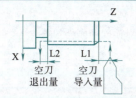

由于数控机床伺服系统滞后,主轴加速和减速过程中,会在螺纹切削起点和终点产生不正确的导程。因此在进刀和退刀时要留有一定空刀导入量和空刀退出量,即螺纹的起点和终点坐标比实际螺纹要长。

常用螺纹的走刀次数及切深量

米制螺纹							
螺距/mm	1	1.5	2	2.5	3	3.5	4
牙深(半径值)/mm	0.65	0.975	1.3	1.625	1.95	2.275	2.6
切深(直径值)/mm	1.3	1.95	2.6	3.25	3.9	4.55	5.2
走刀次数及每次背吃刀量(直径值) 1	0.7	0.8	0.8	1.0	1.2	1.5	1.5
2	0.4	0.5	0.6	0.7	0.7	0.7	0.8
3	0.2	0.5	0.6	0.6	0.6	0.6	0.6
4		0.15	0.4	0.4	0.6	0.6	0.6
5			0.2	0.4	0.4	0.4	0.4
6			0.15	0.4	0.4	0.4	0.4
7					0.2	0.2	0.4
8						0.15	0.3
9							0.2

英制螺纹							
牙/in	24	18	16	14	12	10	8
牙深(半径值)/mm	0.698	0.904	1.062	1.162	1.35	1.63	2.033
走刀次数及每次背吃刀量(直径值) 1	0.8	0.8	0.8	0.8	0.9	1	1.2
2	0.4	0.6	0.6	0.6	0.6	0.7	0.7
3	0.16	0.3	0.5	0.5	0.6	0.6	0.6
4		0.11	0.14	0.3	0.4	0.4	0.5
5				0.13	0.21	0.4	0.5
6						0.16	0.4
7							0.17

7. 车削内孔进给路线

车削内孔是指用车削方法扩大工件的孔或加工空心工件的内表面,是常用的车削加工方法之一。在车削不通孔和台阶孔时,车刀要先纵向进给,当车到孔的根部时,再横向进给,从外向中心进给车端面或台阶端面。

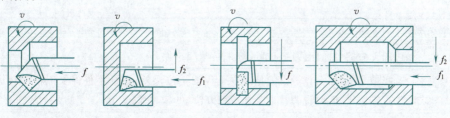

纸上得来终觉浅,绝知此事要躬行。

内孔加工难点

- 孔加工观察切削情况很困难。
- 刀杆尺寸由于受孔径和孔深的限制,不能做得太粗,又不能太短,因此刚性很差。
- 排屑和冷却困难。
- 圆柱孔的测量比外圆困难。

安装和选择内孔车刀注意事项

- 刀杆直径要尽可能大。刀杆选择过细,在加工过程中容易引起振动和尺寸不易保证的现象。刀杆选择过粗,在加工过程中刀杆会与内孔发生干涉,导致加工不能正常进行。
- 刀杆伸出长度应尽可能短。安装刀具时,刀杆不要伸出刀架太长,只要能够满足加工即可,否则会降低车孔刀的刚性。

3.5 工件在数控车床上的定位与装夹

3.5.1 定位

使工件在机床上或夹具中占有正确位置的过程。定位基准有粗基准和精基准两种。

1. 粗基准

定义	零件开始加工时,所有表面都未加工,只能以毛坯面作定位基准,这种以毛坯面为定位基准的称为粗基准。
粗基准的选择	重点考虑如何保证各个加工表面都能分配到合理的加工余量,保证加工面与不加工面的位置、尺寸精度,同时还要为后续工序提供可靠的精基准。
选择原则	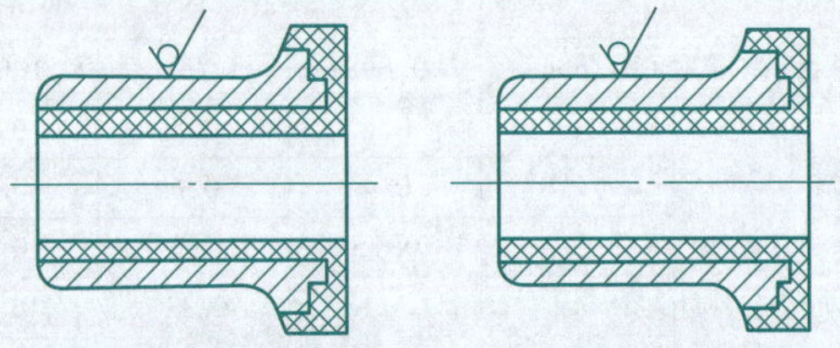 保证相互位置要求的原则:选取与加工表面相互位置精度要求较高的不加工表面作为粗基准。 (a)　　　(b)
	以余量最小的表面作为粗基准。 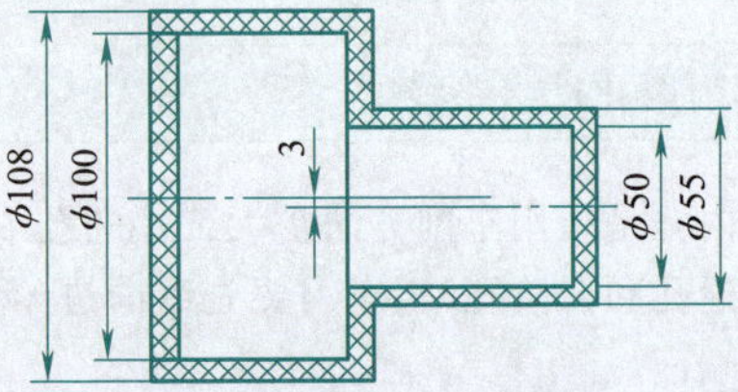

2. 精基准

定义	用加工后的表面作为定位基准称为精基准。
定位精基准的选择	选择精基准时,重点考虑的是减少工件的定位误差,保证零件的加工精度和加工表面之间的位置精度,同时也要考虑零件装夹方便、可靠、准确。

选择原则	基准重合原则：直接选用设计基准为定位基准，称为基准重合原则。	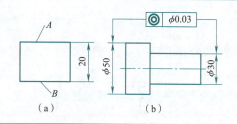 （a）　　　　（b）
	基准统一原则：同一零件的多道工序尽可能选择同一个（一组）定位基准定位，称为基准统一原则。	

注：在加工过程中，首先使用的是粗基准，但在选择定位基准时，为了保证零件的加工精度，首先考虑的是选择精基准，精基准选择之后，再考虑合理选择粗基准。

3.5.2 装夹方式

1. 三爪自定心卡盘

- 可以自动定心。
- 夹持范围大。
- 定心精度不高，不适合于零件同轴度要求高时的二次装夹。
- 常见的有机械式和液压式两种。

2. 四爪单动卡盘

- 适合加工精度要求不高、偏心距较小、零件长度较短的工件。
- 四个卡爪是各自独立移动的。
- 四爪卡盘的找正烦琐、费时。
- 卡爪有正爪和反爪两种形式。

3. 中心孔定位装夹

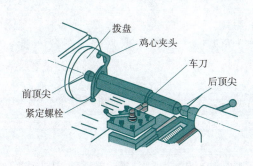

两顶尖拨盘

顶尖分为前顶尖和后顶尖。前顶尖有两种形式：一种是插在主轴锥孔内；另一种是夹在卡盘上。后顶尖是插在尾座套筒中，也有两种形式：一种是固定式；另一种是回转式。两顶尖只对工件起定心和支承作用，工件安装时要用鸡心夹头或对分夹头夹紧工件一端，必须通过鸡心夹头或对分夹头带动工件旋转。这种方式适于装夹轴类零件，利用两顶尖定位还可以加工偏心工件。

	拨动顶尖
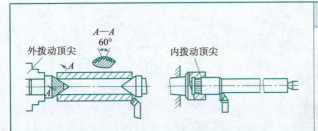	拨动顶尖有内、外拨动顶尖和端面拨动顶尖两种。内、外拨动顶尖是通过带齿的锥面嵌入工件,拨动工件旋转。端面拨动顶尖是利用端面的拨爪带动工件旋转,适合装夹直径在 $\phi50 \sim \phi150$ mm 之间的工件。
	一夹一顶
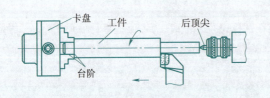	一端用三爪或四爪卡盘,通过卡爪夹紧工件并带动工件转动;另一端用尾顶尖支承。这种方式定位精度较高,装夹牢靠。

4. 心轴与弹簧卡头装夹

以孔为定位基准,用心轴装夹来加工外表面。以外圆为定位基准,采用弹簧卡头装夹来加工内表面。用心轴或弹簧卡头装夹工件的定位精度高,装夹工件方便、快捷,适于装夹内外表面的位置精度要求较高的套类零件。

5. 利用其他工装夹具装夹

数控车削加工中有时会遇到一些形状复杂和不规则的零件,不能用三爪或四爪卡盘等夹具装夹,需要借助其他工装夹具装夹,如花盘、角铁等。当批量生产时,还要采用专用夹具装夹。

3.6 切削用量

数控车削加工中的切削用量包括背吃刀量、主轴转速或切削速度、进给速度或进给量。在编制加工程序的过程中,选择合理的切削用量,使背吃刀量、主轴转速和进给速度三者间能互相适应,以形成最佳切削参数,这是工艺处理的重要内容之一。

3.6.1 数控车削加工切削用量确定原则

选用原则是:保证工件加工精度和表面粗糙度,充分发挥刀具的切削性能,保证合理的刀具使用寿命,并充分发挥机床的性能,最大限度提高生产率,降低成本。

3.6.2 切削用量的选择

编程时确定切削用量,要参考被加工工件材料、硬度、切削状态、背吃刀量、进给量、刀具耐用度等,最后选择合适的切削速度。

1. 切削深度 a_p 的确定	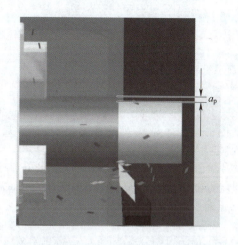	**切削深度定义** 切削深度 a_p 指已加工表面与待加工表面之间的垂直距离,又称背吃刀量,单位为 mm。 $$a_p = \frac{d_w - d_m}{2}$$ **切削深度选择** 在机床、刀具和工件系统刚度允许的情况下,尽量选择较大的背吃刀量 a_p,以减少走刀次数,提高生产率。粗加工时,在不影响加工精度的条件下,可使背吃刀量等于零件的加工余量;在工件毛坯加工余量很大或余量不均匀的情况下,粗加工要分几次进给,前几次进给的背吃刀量应大一些。 粗加工、半精加工一般取 $a_p = 0.5 \sim 2$ mm,精加工一般取 $a_p = 0.1 \sim 0.5$ mm。
2. 主轴转速的确定	**光车时主轴转速** 硬质合金外圆车刀切削速度的参考数值 	工件材料	热处理状态	$a_p = 0.3 \sim 2$ mm $f = 0.08 \sim 0.3$ mm/r	$a_p = 2 \sim 6$ mm $f = 0.3 \sim 0.6$ mm/r	$a_p = 6 \sim 10$ mm $f = 0.6 \sim 1$ mm/r
---	---	---	---	---
		v_c/(m/min)		
低碳钢	热轧	140~180	100~120	70~90
中碳钢	热轧	130~160	90~110	60~80
	调质	100~130	70~90	50~70
合金结构钢	热轧	100~130	70~90	50~70
	调质	80~110	50~70	40~60
工具钢	退火	90~120	60~80	50~70
灰铸铁	<190 HBS	90~120	60~80	50~70
	190~225 HBS		50~70	40~60
铜及铜合金		200~250	120~180	90~120
铝及铝合金		300~600	200~400	150~200
铸铝合金		100~180	80~150	60~100		根据刀具的切削速度和工件的直径来选择。计算公式为 $$n = 1\,000 v_c / \pi d$$ 式中,v_c 为切削速度,单位为 m/min,由刀具的耐用度确定;n 为主轴转速,单位为 r/min;d 为工件直径,单位为 mm。 通过查表或计算得到主轴转速 n 后,要根据机床的实际情况选择接近的机床具有的转速。

2. 主轴转速的确定		车螺纹时的主轴转速
	推荐值	数控车床加工螺纹时,因其传动链的改变,原则上其转速只要能保证主轴每转一周时,刀具沿主进给轴(多为 z 轴)方向位移一个螺距即可,不应受到限制。 不同的数控系统车螺纹时推荐使用不同的主轴转速范围,大多数经济型数控车床的数控系统推荐车螺纹时主轴转速 n 为 $$n \leqslant \frac{1\,200}{P} - k$$ 式中 P——被加工螺纹螺距,mm; k——保险系数,一般为 80。
	注意事项	➢ 螺纹加工程序段中指令的螺距值,相当于以进给量 f(mm/r)表示的进给速度 F,如果将机床的主轴转速选择过高,其换算后的进给速度(mm/min)则必定大大超过正常值。 ➢ 刀具在其位移过程的始/终,都将受到伺服驱动系统升/降频率和数控装置插补运算速度的约束,由于升/降频特性满足不了加工需要等原因,则可能因主进给运动产生出的超前和滞后而导致部分螺牙的螺距不符合要求。 ➢ 车削螺纹必须通过主轴的同步运行功能而实现,即车削螺纹需要有主轴脉冲发生器(编码器)。当其主轴转速选择过高时,通过编码器发出的定位脉冲(即主轴每转一周时所发出的一个基准脉冲信号)将可能因"过冲"(特别是当编码器的质量不稳定时)而导致工件螺纹产生乱纹(俗称"烂牙")。
3. 进给速度 v_f 的确定		进给速度 v_f 是数控机床切削用量中的重要参数,其大小直接影响表面粗糙度值和车削效率。主要根据零件的加工精度和表面粗糙度要求以及刀具、工件的材料性质选取。最大进给速度受机床刚度和进给系统的性能限制。
	确定原则	➢ 当工件的质量要求能够得到保证时,为提高生产效率,可选择较高的进给速度。一般在 100 ~ 200 mm/min 范围内选取。 ➢ 在切断、加工深孔或用高速钢刀具加工时,宜选择较低的进给速度,一般在 20 ~ 50 mm/min 范围内选取。 ➢ 当加工精度、表面粗糙度要求较高时,进给速度应选小些,一般在 20 ~ 50 mm/min 范围内选取。 ➢ 刀具空行程时,特别是远距离"回零"时,可以设定该机床数控系统设定的最高进给速度。

	计算式	进给速度包括纵向进给和横向进给速度,可通过查阅切削用量手册选取每转进给量 f,然后按下式计算:
		$$v_f = nf$$
		式中 v_f——进给速度,mm/min;
		   f——进给量,mm/r;
		   n——主轴转速,r/min。

		硬质合金车刀粗车外圆及端面的进给量						
		工件材料	车刀刀杆尺寸($B \times H$)/mm	工件直径 d_W/mm	背吃刀量 a_p/mm				
					≤3	>3~5	>5~8	>8~12	>12
					进给量 f/(mm/r)				
		碳素结构钢 合金结构钢 耐热钢	16×25	20	0.3~0.4	—			
				40	0.4~0.5	0.3~0.4	—		
				60	0.5~0.7	0.4~0.6	0.3~0.5	—	
				100	0.6~0.9	0.5~0.7	0.5~0.6	0.4~0.5	
				400	0.8~1.2	0.7~1.0	0.6~0.8	0.5~0.6	
			20×30 25×25	20	0.3~0.4	—			
				40	0.4~0.5	0.3~0.4	—		
				60	0.5~0.7	0.5~0.7	0.4~0.6		
				100	0.8~1.0	0.7~0.9	0.5~0.7	0.4~0.7	
				400	1.2~1.4	1.0~1.2	0.8~1.0	0.6~0.9	0.4~0.6
		铸铁 铜合金	16×25	40	0.4~0.5	—			
				60	0.5~0.8	0.5~0.8	0.4~0.6		
				100	0.8~1.2	0.7~1.0	0.6~0.8	0.5~0.7	
				400	1.0~1.4	1.0~1.2	0.8~1.0	0.6~0.8	
3. 进给速度 v_f 的确定	推荐表		20×30 25×25	40	0.4~0.5	—			
				60	0.5~0.8	0.5~0.8	0.4~0.7		
				100	0.9~1.3	0.8~1.2	0.7~1.0	0.5~0.8	
				400	1.2~1.8	1.2~1.6	1.0~1.3	0.9~1.1	0.7~0.9

注：1. 加工断续表面积有冲击的工件时，表内进给量应乘系数 $k=0.75~0.85$；
2. 在无外皮加工时，表内进给量应乘系数 $k=1.1$；
3. 加工耐热钢及其合金时，进给量不大于 1 mm/r；
4. 加工淬硬钢时，进给量应减小。当钢的硬度为 44~56 HRC 时，乘以系数 $k=0.8$；当钢的硬度为 57~62 HRC 时，乘以系数 $k=0.5$。

按表面粗糙度选择进给量的参考值					
工件材料	表面粗糙度 Ra/μm	切削速度范围 v_c/(m/min)	刀尖圆弧半径 r_g/mm		
			0.5	1.0	2.0
			进给量 f/(mm/r)		
铸铁 青铜 铝合金	>5~10	不限	0.25~0.4	0.40~0.50	0.50~0.60
	>2.5~5		0.15~0.25	0.25~0.40	0.40~0.60
	>1.25~2.5		0.10~0.15	0.15~0.20	0.20~0.35
碳钢 合金钢	>5~10	<50	0.30~0.50	0.45~0.60	0.55~0.70
		>50	0.40~0.55	0.55~0.65	0.65~0.70
	>2.5~5	<50	0.18~0.25	0.25~0.30	0.30~0.40
		>50	0.25~0.30	0.30~0.35	0.30~0.50
	>1.25~2.5	<50	0.10~0.15	0.11~0.15	0.15~0.22
		50~100	0.11~0.16	0.16~0.25	0.25~0.35
		>50	0.16~0.20	0.20~0.25	0.25~0.35

注：$r_g=0.5$ mm，用于 12 mm×12 mm 以下刀杆；$r_g=1$ mm，用于 30 mm×30 mm 以下刀杆；$r_g=2$ mm，用于 30 mm×45 mm 及以上刀杆。

纸上得来终觉浅，绝知此事要躬行。

第二部分 数控铣削加工基础　　单元一 数控铣削加工

1.1 数控铣床基本组成

数控铣床是主要以铣削方式进行零件加工的一种数控机床,同时还兼有钻削、镗削、铰削、螺纹加工等功能。

机床本体	机床本体属于数控铣床的机械部件,主要包括床身、工作台及进给机构等。
数控系统	它是数控铣床的控制核心,接收并处理输入装置传送来的数字程序信息,并将各种指令信息输出到伺服驱动装置,使设备按规定的动作执行。
伺服驱动装置	它是数控铣床执行机构的驱动部件,包括主轴电动机和进给伺服电动机等。
辅助装置	数控铣床的一些配套部件,如液压装置、气动装置、冷却装置及排屑装置等。

• 视频 •

认识数控铣床

1.2 数控铣床的分类

1.2.1 按数控车床主轴位置分类

1. 立式数控铣床

立式数控铣床的主轴轴线垂直于水平面,是数控铣床中最常见的一种布局形式,应用范围也最广泛。一般可进行3坐标联动加工,但也有部分机床只能进行3个坐标中的任意两个坐标联动加工(常称为2.5坐标加工)。此外,还有机床可以绕 x、y、z 坐标轴中的其中一个或两个轴做旋转运动的4坐标和5坐标数控立铣。

2. 卧式数控铣床

卧式数控铣床其主轴轴线平行于水平面。为了扩大加工范围和扩充功能,卧式数控铣床通常采用增加数控转盘或万能数控转盘来实现4坐标和5坐标加工。可以实现在一次安装中,通过转盘改变工位,进行"四面加工"。

1.2.2 按系统功能分类

1. 经济型数控铣床

经济型数控铣床是在普通铣床基础上改造而来,采用经济型数控系统成本低、机床功能较少,主轴转速和进给速度不高,主要用于精度要求不高的简单平面或曲面类零件的加工。

2. 全功能数控铣床

全功能数控铣床一般采用半闭环或闭环控制,控制系统功能较强,一般可实现四坐标或以上的联动,加工适应性强,应用最为广泛。

3. 高速数控铣床

高速数控铣床主轴转速在 8 000～40 000 r/min、进给速度可达 10～30 m/min,采用全新的机床结构(主体结构及材料变化)、功能部件(电主轴、直线电动机驱动进给)和功能强大的数控系统,并配以加工性能优越的刀具系统,可对大面积的曲面进行高效率的、高质量的加工。

2.1 数控铣床刀柄系统

2.1.1 刀柄系统的组成

数控铣床的刀柄系统主要由三部分组成,即刀柄、拉钉和夹头(或中间模块)。

数控铣床使用的刀具通过刀柄和拉钉与机床主轴相连,刀柄夹持铣刀,通过拉钉紧固在主轴上,进而传递转速和转矩。

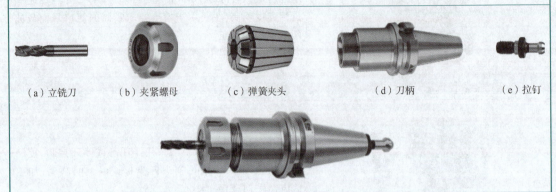

(a) 立铣刀　　(b) 夹紧螺母　　(c) 弹簧夹头　　(d) 刀柄　　(e) 拉钉

1. 拉钉

拉钉的形状如下图所示,其尺寸目前已标准化,ISO 或 GB 规定了 A 型和 B 型两种形式的拉钉,其中 A 型拉钉用于不带钢球的拉紧装置,而 B 型拉钉用于带钢球的拉紧装置。

拉钉的标准
拉钉的标准一般分为两种:国际标准和国内标准。 国际标准:按照 ISO 2341 标准制作,分为两类,A 类和 B 类。其中 A 类拉钉是由于正常运动和振荡所需的,B 类拉钉则用于长期固定的应用。不同类型的拉钉的尺寸和规格也不同。 国内标准:按照国家标准 GB/T 806 标准制作。通常是按照拉钉的直径进行分类,主要规格为 M1.5、M2、M2.5、M3、M4、M5、M6、M8、M10、M12 等。 在选择拉钉时,根据需要选择尺寸大小,以确保拉钉能够顺利安装并达到所需的强度、紧密性和耐用性要求。

2. 弹簧夹头

弹簧夹头有两种,即 ER 弹簧夹头和 KM 弹簧夹头。

ER 弹簧夹头	KM 弹簧夹头
ER 弹簧夹头的夹紧力较小,适用切削力较小的场合。	KM 弹簧夹头的夹紧力较大,适用于强力铣削。
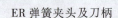 ER 弹簧夹头及刀柄	 KM 弹簧夹头及刀柄

3. 中间模块

（a）精镗刀中间模块　（b）攻螺纹夹套　（c）钻夹头接柄

中间模块是刀柄和刀具之间的中间连接装置。刀具除了可以通过弹簧夹头与数控刀柄连接外，还有些刀具是使用中间模块与刀柄进行连接的。

通过中间模块的使用，可提高刀柄的通用性能。

例如，镗刀、丝锥与刀柄的连接就经常使用中间模块。

2.1.2　常用铣刀的装夹

1. 直柄立铣刀的装夹

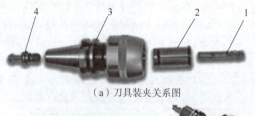

（a）刀具装夹关系图

（b）装夹完成后的直柄立铣刀　　（c）锁刀座

1—立铣刀；2—弹簧夹头；3—刀柄；4—拉钉

以强力铣夹头刀柄装夹立铣刀为例，其安装步骤如下：

①根据立铣刀直径选择合适的弹簧夹头及刀柄，并擦净各安装部位。

②按图所示的安装顺序，将刀具和弹簧夹头装入刀柄中。

③将刀柄放在锁刀座上，使锁刀座的键对准刀柄上的键槽，用专用扳手顺时针拧紧刀柄，再将拉钉装入刀柄并拧紧，如左图所示。

2. 锥柄立铣刀的装夹

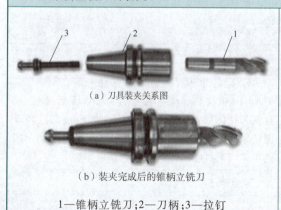

（a）刀具装夹关系图

（b）装夹完成后的锥柄立铣刀

1—锥柄立铣刀；2—刀柄；3—拉钉

通常用莫氏锥度刀柄来夹持锥柄立铣刀，其安装步骤如下：

①根据锥柄立铣刀直径及莫氏号选择合适的莫氏锥度刀柄，并擦净各安装部位。

②按图所示的安装顺序，将刀具装入刀柄中。

③将刀柄放在锁刀座上，使锁刀座的键对准刀柄上的键槽，用内六角扳手按顺时针方向拧紧紧固刀具用的螺钉，再将拉钉装入刀柄并拧紧，如左图所示。

2.1.3　数控铣刀刀柄

数控铣床（加工中心）使用的刀具通过刀柄与主轴相连，刀柄通过拉钉紧固在主轴上，由刀柄夹持铣刀传递转速、扭矩。

1. 按加工中心主轴装刀孔的锥度分

锥度为 7∶24 的 SK 通用刀柄

含义
7∶24 指的是刀柄锥度,为单独的锥面定位,锥柄较长。锥体表面同时要起两个重要作用,即刀柄相对于主轴的精确定位以及实现刀柄夹紧。

优缺点
➢ 优点:不自锁,可以实现快速装卸刀具;制造刀柄只要将锥角加工到高精度即可保证连接的精度,所以刀柄成本相对较低。 ➢ 缺点:在高速旋转时主轴前端锥孔会发生膨胀,膨胀量的大小随着旋转半径与转速的增大而增大,锥度连接刚度会降低,在拉杆拉力的作用下,刀柄的轴向位移也会发生改变。每次换刀后刀柄的径向尺寸都会发生改变,存在着重复定位精度不稳定的问题。

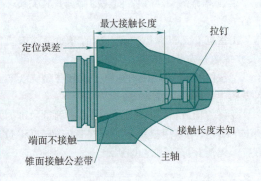

标准和规格
锥度为 7∶24 的通用刀柄通常有五种标准和规格: ➢ 国际标准 ISO 7388/1(简称 IV 或 IT)。 ➢ 日本标准 MAS BT(简称 BT)。 ➢ 德国标准 DIN 2080 型(简称 NT 或 ST)。 ➢ 美国标准 ANSI/ASME(简称 CAT)。 ➢ DIN 69871 型(简称 JT、DIN、DAT 或 DV)。

锥度为 1∶10 的 HSK 真空刀柄

含义
HSK 真空刀柄靠刀柄的弹性变形,不但刀柄的 1∶10 锥面与机床主轴孔的 1∶10 锥面接触,而且使刀柄的法兰盘面与主轴面也紧密接触,这种双面接触系统在高速加工、连接刚性和重合精度上均优于 7∶24 的通用刀柄。

特点与应用
HSK 真空刀柄能够提高系统的刚性和稳定性以及在高速加工时的产品精度,并缩短刀具更换的时间,在高速加工中发挥很重要的作用,其适应机床主轴转速达到 60 000 r/min。HSK 工具系统正在被广泛用于航空航天、汽车、精密模具等制造工业之中。

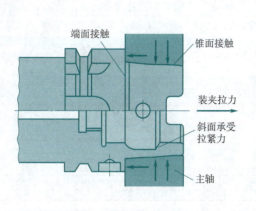

	类型
	HSK 刀柄有 A 型、B 型、C 型、D 型、E 型、F 型等多种规格,其中常用于加工中心(自动换刀)上的有 A 型、E 型和 F 型。A 型和 E 型有以下区别: ➢ A 型有传动槽而 E 型没有。所以相对来说 A 型传递扭矩较大,相对可进行一些重切削。而 E 型传递的扭矩就比较小,只能进行一些轻切削。 ➢ A 型刀柄上除有传动槽之外,还有手动固定孔、方向槽等,所以相对来说平衡性较差。而 E 型没有,所以 E 型更适合于高速加工。E 型和 F 型的结构完全一致,它们的区别在于:同样称呼的 E 型和 F 型刀柄(比如 E63 和 F63),F 型刀柄的锥部要小一号。也就是说 E63 和 F63 的法兰直径都是 φ63,但 F63 的锥部尺寸只和 E50 的尺寸一样。所以 E63 相比,F63 的转速会更快(主轴轴承小)。

2. 按刀具夹紧方式分

弹簧夹头刀柄	侧固式刀柄
使用较多。采用 ER 型卡簧,适用于夹持 16 mm 以下直径的铣刀进行铣削加工;若采用 KM 型卡簧,则称为强力夹头刀柄,可以提供较大夹紧力,适用于夹持 16 mm 以上直径的铣刀进行强力铣削。	采用侧向夹紧,适用于切削力大的加工,但一种尺寸的刀具需对应配备一种刀柄,规格较多。

液压夹紧式刀柄	冷缩夹紧式刀柄
采用液压夹紧,可提供较大夹紧力。	装刀时加热孔,靠冷却夹紧,使刀具和刀柄合二为一,在不经常换刀的场合使用。

3. 按允许转速分

低速刀柄	高速刀柄
指用于主轴转速在 8 000 r/min 以下的刀柄。	高速刀柄用于主轴转速在 8 000 r/min 以上的高速加工,其上有平衡调整环,必须经动平衡。

4. 按所夹持的刀具分

圆柱铣刀刀柄	面铣刀刀柄	锥柄钻头刀柄
用于夹持圆柱铣刀。	用于与面铣刀盘配套使用。	用于夹持莫氏锥度刀杆的钻头、铰刀等,带有扁尾槽及装卸槽。
直柄钻头刀柄	**镗刀刀柄**	**丝锥刀柄**
用于装夹直径在 13 mm 以下的中心钻、直柄麻花钻等。	用于各种尺寸孔的镗削加工,有单刃、双刃以及重切削等类型。	用于自动攻丝时装夹丝锥,一般具有切削力限制功能。

5. 其他刀柄

在有些场合中,通用的刀柄和刃具系统不能满足加工要求,为进一步提高效率和满足特殊要求,而开发了多种特殊刀柄。

增速刀柄	内冷却刀柄
现在的增速头能够支持换刀机械手,有一种增速头,在主轴 4 000 r/min 时,刀具转速可在 0.8 s 内达到 20 000 r/min。当加工所需的转速超过了机床主轴的最高转速时,可以采用这种刀柄将刀具转速增大 4~5 倍,扩大机床的加工范围。	加工深孔时最好的冷却办法是切削液直接浇在切削部位,但这是不易达到的,尤其在卧式加工中心上。针对这种情况,国内、外研制了内部通切割液的麻花钻及扩孔钻。其配以专用的冷却油供给系统,工作时,高压切削液通过刀具芯部从钻头两个后面浇注至切削部位,起到冷却润滑的作用,并把切屑排出。

转角刀柄	多轴刀柄
配备转角刀柄可以在加工上一定程度替代五面加工中心，以最少的花费达到相近的效果。除了使用回转工作台进行五面加工以外，还可以采用角度刀柄实现立、卧转换，达到同样的目的。转角一般有30°、45°、60°、90°等。	多轴刀柄能同时加工多个孔,多轴及增速刀柄的混合应用就成为多轴增速刀柄。当同一方向的加工内容较多时,如位置相近的孔系,采用多轴刀柄可以有效地提高加工效率。

6. 刀具柄部的型式和尺寸代号

柄部的型式		柄部的尺寸	
代号	代号意义	代号含义	举例
BT	7∶24 锥度的锥柄,柄部带机械手夹持槽	ISO 锥度号	BT40
JT	加工中心用锥柄,柄部带机械手夹持槽	ISO 锥度号	JT50
ST	一般数控机床用锥柄,柄部无机械手夹持槽	ISO 锥度号	ST40
MTW	无扁尾莫氏锥柄	莫氏锥度号	MTW3
MT	有扁尾莫氏锥柄	莫氏锥度号	MT1
ZB	直柄接杆	直径尺寸	ZB32
KH	7∶24 锥度的锥柄接杆	锥柄的锥度号	KH45

2.2 数控铣刀

铣刀是刀齿分布在旋转表面或端面上的多刃刀具,其几何形状较复杂、种类较多,常用的有面铣刀、立铣刀、键槽铣刀、模具铣刀和成形铣刀等。

2.2.1 数控铣刀类型

1. 面铣刀

面铣刀的圆周表面和端面都有切削刃,端部切削刃为副切削刃。面铣刀多制成套式镶齿结构,刀齿为高速钢或硬质合金,刀体为40Cr。

·视频·

数控铣床刀具

第二部分　数控铣削加工基础　　单元二　数控铣削刀具

2. 立铣刀

立铣刀的圆柱表面和端面上都有切削刃，它们可同时进行切削，也可单独进行切削。立铣刀圆柱表面的切削刃为主切削刃，端面上的切削刃为副切削刃。注意，因为立铣刀的端面中间有凹槽，所以不可以做轴向进给。

3. 模具铣刀

模具铣刀由立铣刀发展而成，可分为圆锥形立铣刀、圆柱形球头立铣刀和圆锥形球头立铣刀三种，其柄部有直柄、削平型直柄和莫氏锥柄。它的结构特点是球头或端面上布满切削刃，圆周刃与球头刃圆弧连接，可以作径向和轴向进给。铣刀工作部分用高速钢或硬质合金制造。

4. 键槽铣刀

它有两个刀齿，圆柱面和端面都有切削刃，端面刃延至中心。加工时先轴向进给达到槽深，然后沿键槽方向铣出键槽全长。

5. 鼓形铣刀

其切削刃分布在半径为 R 的圆弧面上，端面无切削刃。加工时控制刀具上下位置，相应该面刀刃的切削部位，可以在工件上切出从负到正的不同斜角。R 越小，鼓形铣刀所能加工的斜角范围越广。

6. 成形铣刀

切削刃与待加工面形状一致。一般都是为特定的工件或加工内容专门设计制造的。如渐开线齿面、燕尾槽和 T 形槽等。

2.2.2 数控铣刀材料

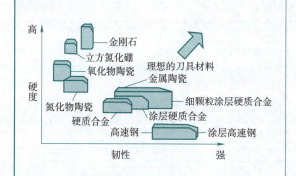

- 常用的数控刀具材料有高速钢、硬质合金、涂层硬质合金、陶瓷、立方氮化硼、金刚石等。其中,高速钢、硬质合金和涂层硬质合金三类材料应用最为广泛。
- 硬度和韧性是刀具材料性能的两项重要指标。
- 各类刀具材料的硬度和韧性对比见左图。

2.2.3 数控铣刀选择

1. 选择依据

铣刀类型应与工件表面形状与尺寸相适应。被加工零件的几何形状是选择刀具类型的主要依据。

2. 根据工件的表面形状选择刀具

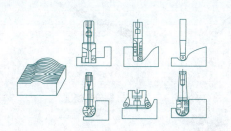

加工曲面类零件时,为了保证刀具切削刃与加工轮廓在切削点相切,而避免刀刃与工件轮廓发生干涉,一般采用球头刀,粗加工用两刃铣刀,半精加工和精加工用四刃铣刀。

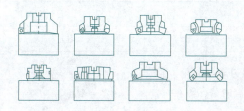

加工较大平面时,为了提高生产效率和降低加工表面粗糙度,一般采用刀片镶嵌式盘形铣刀、面铣刀。

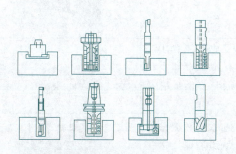

加工封闭的键槽选择键槽铣刀,为了保证槽的尺寸精度,一般用两刃键槽铣刀。

加工变斜角零件的变斜角面应选用鼓形铣刀。

加工各种直的或圆弧形的凹槽、斜角面、特殊孔等应选用成形铣刀。

铣小平面或台阶面时一般采用通用铣刀。

千里之行,始于足下。

3. 根据工件的表面尺寸选择刀具

数控铣刀种类和尺寸一般根据加工表面的形状特点和尺寸选择。

加工部位	可使用铣刀类型	加工部位	可使用铣刀类型
平面	可转位平面铣刀	较大曲面	多刀片可转位球头铣刀
带倒角的开敞槽	可转位倒角平面铣刀	大曲面	可转位圆刀片面铣刀
T形槽	可转位T形槽铣刀	倒角	可转位倒角铣刀
带圆角开敞深槽	加长柄可转位圆刀片铣刀	型腔	可转位圆刀片立铣刀
一般曲面	整体硬质合金球头铣刀	外形粗加工	可转位成形铣刀
较深曲面	加长整体硬质合金球头铣刀	台阶平面	可转位直角平面铣刀
曲面	多刀片可转位球头铣刀	直角腔槽	可转位立铣刀
曲面	单刀片可转位球头铣刀		

2.3 孔加工刀具

2.3.1 常用的孔加工刀具

常用的孔加工刀具有中心钻、麻花钻(直柄、锥柄)、扩孔钻、铰刀、镗刀、丝锥、锪孔钻等。

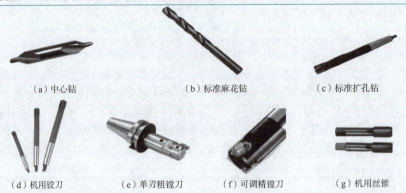

(a) 中心钻　　　　　(b) 标准麻花钻　　　　　(c) 标准扩孔钻

(d) 机用铰刀　(e) 单刃粗镗刀　(f) 可调精镗刀　(g) 机用丝锥

2.3.2 钻头种类及用途

名称	用途	图片
扁钻	扁钻切削部分磨成一个扁平体,主切削刃磨出锋角、后角并形成横刃;副切削刃磨出后角与副偏角并控制钻孔直径。	
深孔钻	深孔钻头都是采用内排屑,焊接式深孔钻头的刀片是不可以调换的钻头。	
中心钻	按结构可分为中心钻、弧形中心钻、中心锪钻和复合中心钻。复合中心钻由麻花钻和锪钻复合而成,有带护锥和不带护锥两种。中心锪钻是一种多齿钻头,它一般与直柄短麻花钻配合使用,加工直径较大的中心孔。	
麻花钻	麻花钻由柄部、颈部和工作部分组成。柄部是麻花钻的夹持部分,钻也是用来传递转矩和轴向力。颈部是焊接接头部位,供磨制钻头和砂轮退刀用。	

数控铣削加工工艺的实质就是在分析零件精度和表面粗糙度的基础上,对数控铣削的加工方法、装夹方式、切削加工进给路线、刀具选择和切削用量等工艺内容进行正确而合理的选择。

3.1 数控铣削及加工中心的主要加工对象

1. 平面类零件

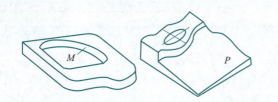

加工面平行或垂直于水平面、加工面与水平面的夹角为定角的零件,如箱体、盘、套、板类等平面零件,加工内容包括内外形轮廓、筋台、各类槽形及台肩、孔系、花纹图案等的加工。

2. 变斜角类零件

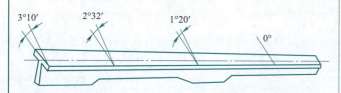

加工面与水平面的夹角呈连续变化的零件称为变斜角类零件,如飞机上的整体梁、框、缘条与肋等,此外检验夹具与装配型架等也属于变斜角类零件。

3. 空间曲面类零件

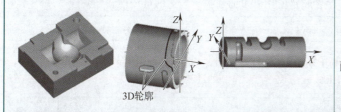

加工面为空间曲面的零件称为曲面类零件,如模具、叶片、螺旋桨等。

3.2 数控铣削加工零件工艺性分析

分析零件在产品中的作用、位置、装配关系和工作条件,搞清楚各项技术要求对零件装配质量和使用性能的影响,找出主要的和关键的技术要求,然后对零件图样进行分析。

3.2.1 零件图样分析

1. 图样尺寸的标注方法是否方便编程

构成工件轮廓图形的各种几何元素的条件是否充要。各几何元素的相互关系(如相切、相交、垂直和平行等)是否明确。有无引起矛盾的多余尺寸或影响工序安排的封闭尺寸。

2. 零件尺寸所要求的加工精度、尺寸公差是否都可以得到保证

注意过薄的腹板与缘板的厚度公差,加工时产生的切削拉力及薄板的弹性退让,极易产生切削面的振动,使薄板厚度尺寸公差难以保证,其表面粗糙度也将恶化或变坏。根据实践经验,当面积较大的薄板厚度小于 3 mm 时就应充分重视这一问题。

3. 零件图中各加工面的凹圆弧（R 与 r）是否过于零乱，是否可以统一

凹圆弧（R 与 r）如若不一致，则会增加刀具与换刀次数，增加生产准备时间而降低生产效率，也会因频繁换刀增加了工件加工面上的接刀阶差而降低了表面质量。所以，一般来说，即使不能寻求完全统一，也要力求将数值相近的圆弧半径分组靠拢，达到局部统一，以尽量减少铣刀规格与换刀次数。

4. 零件上有无统一基准以保证两次装夹加工后其相对位置的正确性

有些工件需要两次装夹，为避免两道工序加工的面接不齐或造成本来要求一致的两对应面上的轮廓错位，减小两次装夹误差，最好采用统一基准定位，因此零件上最好有合适的孔作为定位基准孔。如果零件上没有基准孔，也可以专门设置工艺孔作为定位基准；如在毛坯上增加工艺凸耳或在后续工序要铣去的余量上设基准孔。

5. 分析零件的形状及原材料的热处理状态，会不会在加工过程中变形

对于可能产生变形的部分，考虑采取一些必要的工艺措施进行预防，如对钢件进行调质处理，对铸铝件进行退火处理，对不能用热处理方法解决的，也可考虑粗、精加工及对称去余量等常规方法。

3.2.2 结构工艺性分析

1. 定义

零件的结构工艺性是指所设计的零件在满足使用要求的前提下制造的可行性和经济性。

2. 对加工的影响

良好的结构工艺性，可以使零件加工容易，节省工时和材料。而较差的零件结构工艺性，会使加工困难，浪费工时和材料，有时甚至无法加工。

3. 符合数控加工特点的结构工艺性分析

采用统一的几何类型和尺寸	零件的内腔和外表最好采用统一的几何类型和尺寸，这样可以减少刀具规格和换刀次数，使编程方便，提高生产效率。
内槽圆弧半径 R 不应太小	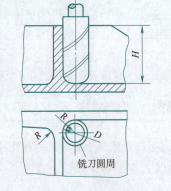 内槽圆弧半径 R 的大小决定着刀具直径的大小，所以内槽圆弧半径 R 不应太小。如左图所示，轮廓内圆弧半径 R 常常限制刀具的直径。若工件的被加工轮廓高度低，转接圆弧半径也大，可以采用较大直径的铣刀来加工，且加工其底板面时，进给次数也相应减少，表面加工质量也会好一些，因此工艺性较好。反之，数控铣削工艺性较差。一般来说，当 $R < 0.2H$（H 为被加工轮廓面的最大高度）时，可以判定零件上该部位的工艺性不好。

第二部分　数控铣削加工基础　　单元三　数控铣削加工工艺

槽底面圆角或底板与肋板相交处的圆角半径 r 不要过大	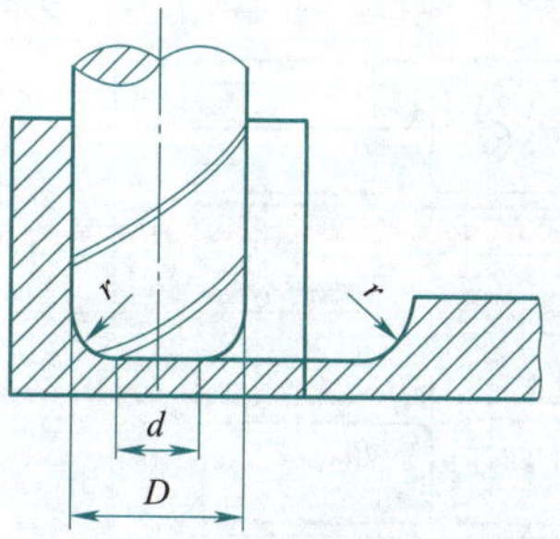 零件铣削槽底平面时,槽底面圆角或底板与肋板相交处的圆角半径 r 不要过大,如左图所示。因为铣刀与铣削平面接触的最大直径 $d = D - 2r$（D 为铣刀直径）,当 D 越大而 r 越小时,铣刀端刃铣削平面的面积越大,加工平面的能力越强,铣削工艺性当然也越好。而当 D 一定时,r 越大,铣刀端刃铣削平面的能力越差,效率也越低,工艺性也越差。当半径大到一定程度时甚至必须用球头铣刀加工,这是应当避免的。有时,当铣削的底面面积较大,底部圆弧的半径也较大时,只能用两把半径不同的铣刀（一把刀的半径小些,另一把刀的半径符合零件图样的要求）分两次进行切削。
	注:在一个零件上的这种凹圆弧半径在数值上的一致性问题对数控铣削的工艺性显得相当重要。一般来说,即使不能寻求完全统一,也要力求将数值相近的圆弧半径分组靠拢,达到局部统一,以尽量减少铣刀规格与换刀次数,并避免因频繁换刀而增加了零件加工面上的接刀痕,降低了表面质量。
采用统一的基准定位	在数控加工中若没有统一的定位基准,则会因工件的二次装夹而造成加工后两个面上的轮廓位置及尺寸不协调现象。另外,零件上最好有合适的孔作为定位基准孔。若无法制出工艺孔,至少也要用精加工表面作为统一基准,以减少二次装夹产生的误差。
其他	此外,还应分析零件所要求的加工精度、尺寸公差等是否可以得到保证,有没有引起矛盾的多余尺寸或影响加工安排的封闭尺寸等。

4. 铣削件的结构工艺性实例

数控铣削加工零件结构工艺性实例

序号	A—工艺性差的结构	B—工艺性好的结构	说明
1	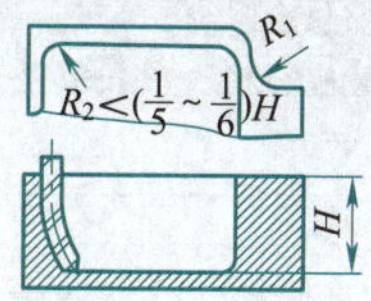	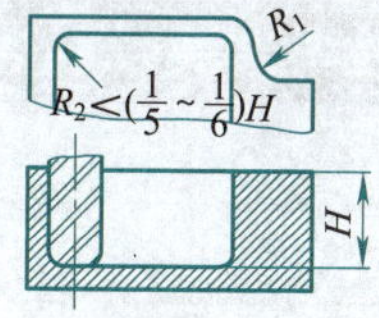	B 结构可选用较高刚性刀具。
2	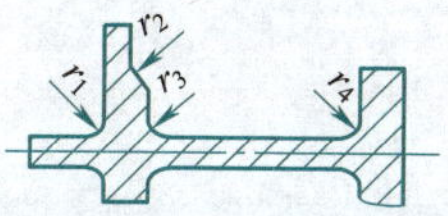	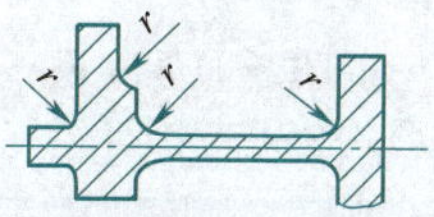	B 结构需用刀具比 A 结构少,减少了换刀的辅助时间。
3	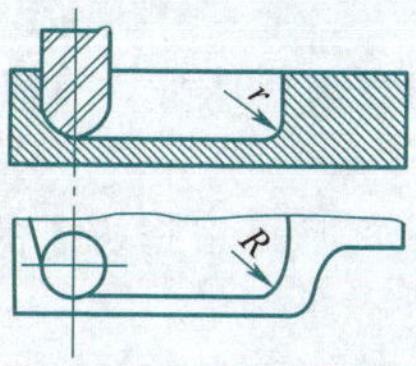	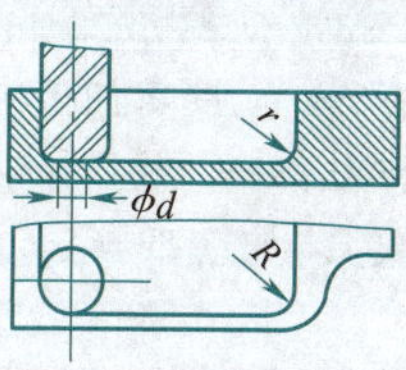	B 结构 R 大,r 小,铣刀端刃铣削面积大,生产效率高。

不积跬步,无以至千里;不积小流,无以成江海。

续表

序号	A—工艺性差的结构	B—工艺性好的结构	说明
4	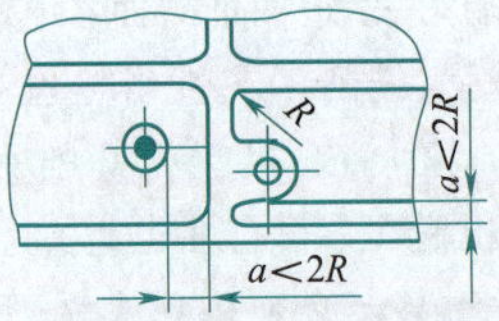	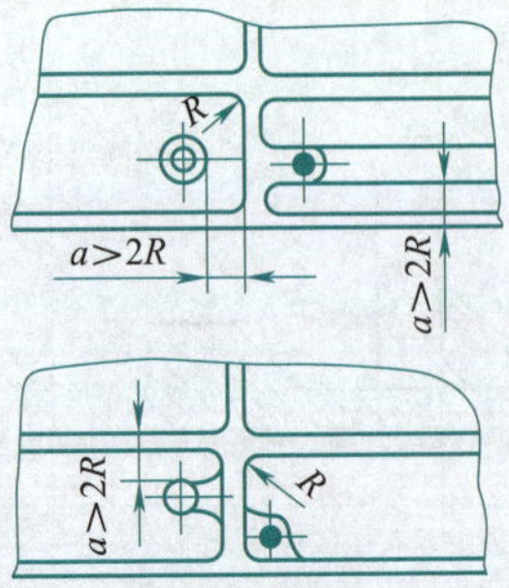	B 结构 $a>2R$，便于半径为 R 的铣刀进入，所需刀具少，加工效率高。
5	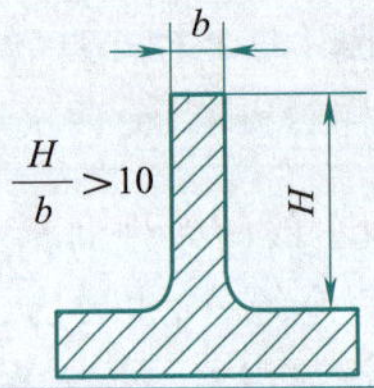	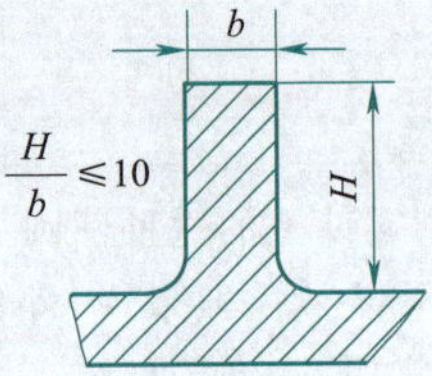	B 结构刚性好，可用大直径铣刀加工，加工效率高。
6	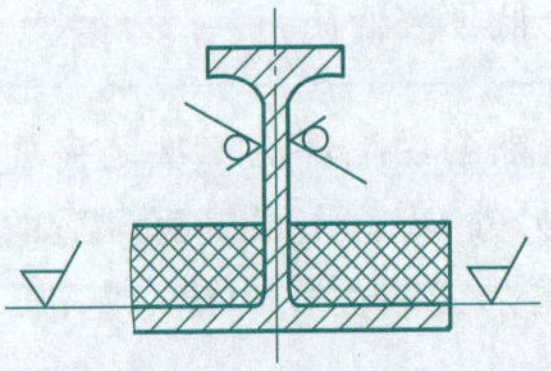	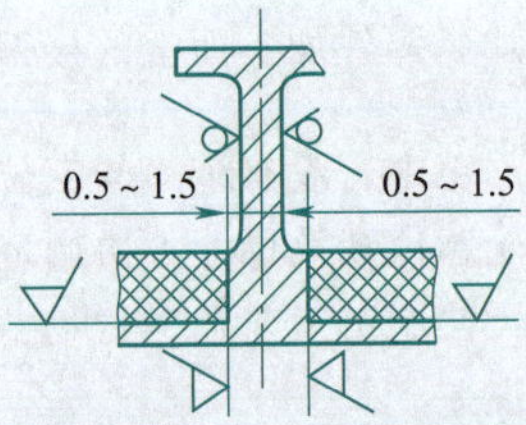	B 结构在加工面和不加工面之间加入过渡表面，减少了切削量。
7	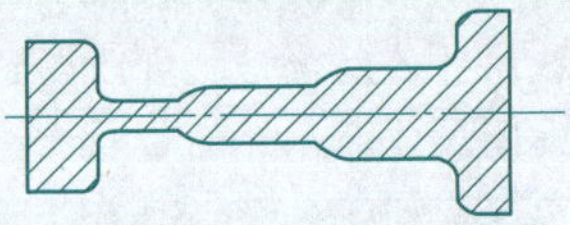	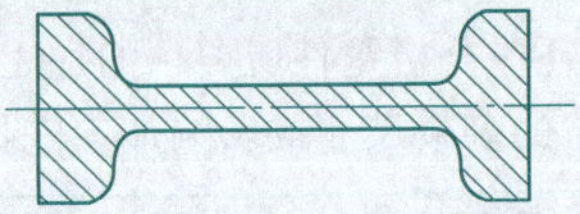	B 结构用斜面筋代替阶梯筋，节约材料，简化程序。
8	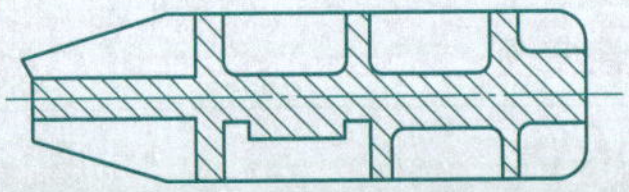	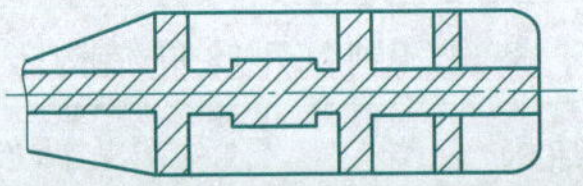	B 结构采用对称结构，简化编程。

3.3　工件在数控铣床上的定位与装夹

3.3.1　定位

定位基准选择要求

- 尽量使定位基准与设计基准重合。
- 保证零件在一次装夹中完成尽可能多的加工内容。
- 确定设计基准与定位基准的形式公差范围。

3.3.2　装夹

　　为保证数控加工的精度，提高生产效率，要求加工中心的夹具比普通机床夹具的结构更加紧凑、简单，夹紧动作迅速、准确，操作方便、省力、安全，并且保证足够的刚性。

　　在加工中心上不仅可使用通用夹具，如三爪自定心卡盘、台钳等，且可根据机床的特点使用其他夹具。

第二部分　数控铣削加工基础　　单元三　数控铣削加工工艺

1. 平口钳装夹零件

平口钳的作用	平口钳是铣床上常用的装夹零件的夹具，用螺钉将其固定在铣床工作台上。铣削零件的平面、台阶、斜面和铣削轴类零件的键槽等。
平口钳的结构	1—钳体；2—固定钳口；3—固定钳口铁；4—活动钳口铁；5—活动钳口座；6—活动钳身；7—丝杠方头；8—压板；9—底座；10—定位键；11—钳体零线；12—螺栓。
平口钳的使用要求	(1) 利用机用平口钳装夹的零件尺寸一般不能超过钳口的宽度，所加工的部位不得与钳口发生干涉。机用平口钳安装好后，把零件放入钳口内，并在零件的下面垫上比零件窄、厚度适当且加工精度较高的等高垫块，然后把零件夹紧（对于高度方向尺寸较大的零件，不需要加等高垫块而直接装入机用平口钳）。 (2) 为了使零件紧密地靠在垫块上，应用铜锤或木槌轻轻敲击零件，直到用手不能轻易推动等高垫块时，最后再将零件夹紧在机用平口钳内。零件应当紧固在钳口中间的位置，装夹高度以铣削尺寸高出钳口平面 3~5 mm 为宜，用机用平口钳装夹表面粗糙度较差的零件时，应在两钳口与零件表面之间垫一层铜皮，以免损坏钳口，同时增加被装夹零件与平口钳钳口的接触面积。 (3) 要保证平口钳在工作台上的正确位置，必要时应用百分表找正固定钳口面，使其与机床工作台的运动方向平行或垂直。工件下面要垫放适当厚度的平行垫铁，夹紧时应使工件紧密地贴紧在平行垫铁上。工件高出钳口或伸出钳口两端不能太多，以防铣削时产生振动。

不积跬步，无以至千里；不积小流，无以成江海。

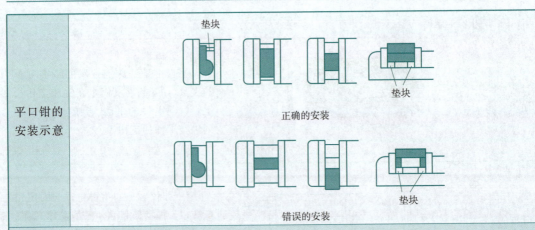

平口钳的安装示意

正确的安装

错误的安装

2. 分度头装夹零件

(1) 在分度头上装夹工件时,应先锁紧分度头主轴,在紧固工件时,禁止用管子套在手柄上施力。

(2) 调整好分度头主轴仰角后,应将基座上部的 4 个螺钉拧紧,以免零件移动。

(3) 在分度头两顶尖间夹轴类工件时,应使前、后顶尖的中心线重合。

(4) 用分度头分度时,分度手柄应朝一个方向摇动,如果摇过位置,需反摇多于超过的距离,再摇回到正确位置,以消除间隙。

(5) 分度时,手柄上的定位销宜慢慢插入分度盘的孔内,切勿突然撒手,以免损坏分度盘。

3. 压板装夹零件

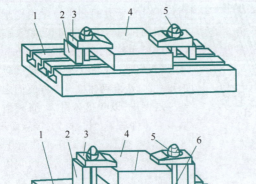

1—工作台;2—支撑块;3—压板;4—零件;
5—双头螺柱;6—等高垫块

用压板装夹零件是铣床上常用的一种方法,尤其是在卧式铣床上,用端铣刀铣削时用得最多。在铣床上用压板安装零件时,所用的工具比较简单,主要有压板、垫铁、T 形螺栓(或 T 形螺母)及螺母等,为了满足安装不同形状零件的需要,压板的形状也做成很多种。

不积跬步,无以至千里;不积小流,无以成江海。

压板使用注意事项
➢ 必须将工作台面和零件底面清理干净,不能在台面上拖拉粗糙的铸件、锻件等,以免划伤台面。 ➢ 在零件的光洁表面或材料硬度较低的表面与压板之间,必须安置垫片(如铜片或厚纸片),这样可以避免零件表面因受压力而损伤。 ➢ 压板的位置要安排妥当,要压在零件刚性最好的地方;不得与刀具发生干涉,夹紧力的大小也要适当,不然会产生变形。 ➢ 支撑压板的支撑块高度要与零件相同或略高于零件,压板螺栓必须尽量靠近零件,并且螺栓到零件的距离应小于螺栓到支撑块的距离,以便增大压紧力。 ➢ 螺母必须拧紧,否则将会因压力不够而使零件移动,以致损坏零件、机床和刀具,甚至发生意外事故。

4. 成组夹具装夹零件

通过工艺分析,把形状相似、尺寸相近的各种零件进行分组编制成工艺,然后把定位、夹紧和加工方法相同或相似的零件集中起来统筹考虑夹具的设计方案。对结构外形相似的零件采用成组夹具,具有经济、夹压精度高等特点。

5. 可调整夹具装夹零件

与组合夹具极为相似,但也有差异。根本不同点在于可调整夹具具有一系列整体刚性好的夹具体。其上设置有可定位、夹压等功能的T形槽及台阶式光孔、螺孔,配置有多种夹压定位元件。在不同的工位上,可分别装夹不同种类的零件或同一工位也可装夹不同类别的零件,因此扩大了使用范围。

6. 夹具的选择顺序

在加工中心上选择夹具时,应根据零件的精度和结构以及批量因素进行综合考虑。一般选择夹具的顺序是:优先考虑组合夹具,其次考虑可调整夹具,最后考虑专用夹具和成组夹具。

3.4 工序的划分

工序划分方法

1. 平面轮廓加工

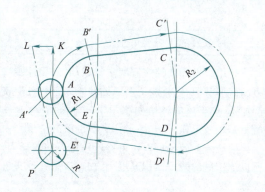

平面轮廓多由直线和圆弧或各种曲线构成,通常采用三坐标数控铣床进行两轴半坐标加工。左图所示为由直线和圆弧构成的零件平面轮廓 $ABCDEA$,采用半径为 R 的立铣刀沿周向加工,虚线 $A'B'C'D'E'A'$ 为刀具中心的运动轨迹。为保证加工面光滑,刀具沿 PA' 切入,沿 $A'K$ 切出。

2. 固定斜角平面	
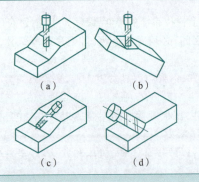	固定斜角平面是与水平面成一固定夹角的斜面,常用如左图所示加工方法。

3. 变斜角面的加工	
	曲率变化较小的变斜角面
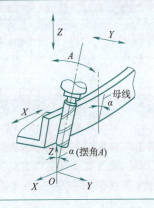	对曲率变化较小的变斜角面,选用 X、Y、Z 和 A 四坐标联动的数控铣床,采用立铣刀(但当零件斜角过大,超过机床主轴摆角范围时,可用角度成型铣刀加以弥补)以插补方式摆角加工,如左图所示。
	曲率变化较大的变斜角面
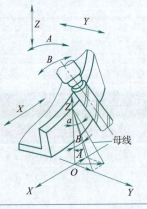	对曲率变化较大的变斜角面,用四坐标联动加工难以满足加工要求,最好用 X、Y、Z、A 和 B(或 C 转轴)的五坐标联动数控铣床,以圆弧插补方式摆角加工,如左图所示。
	鼓形铣刀铣削变斜角面
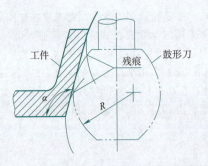	采用三坐标数控铣床两坐标联动,利用球头铣刀和鼓形铣刀,以直线或圆弧插补方式进行分层铣削加工,加工后的残留面积用钳修方法清除,左图所示是用鼓形铣刀分层铣削变斜角面的情形。由于鼓形铣刀的鼓径可以做得比球头铣刀的球径大,所以加工后的残留面积高度小,加工效果比球头铣刀好。

4. 曲面轮廓加工

对曲率变化不大和精度要求不高的曲面的粗加工,常用两轴半坐标的行切法加工,即 X、Y、Z 三轴中任意两轴做联动插补,第三轴做单独的周期进给。

对曲率变化较大和精度要求较高的曲面的精加工,常用 X、Y、Z 三坐标联动插补的行切法加工。

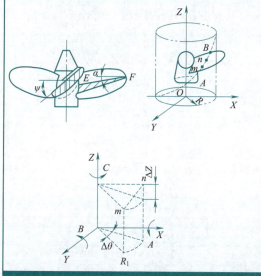

对像叶轮、螺旋桨这样的零件,因其叶片形状复杂,常用五坐标联动加工。其加工原理如左图所示。

3.5 确定进给路线

3.5.1 铣削方式

1. 顺铣和逆铣的定义

铣削有逆铣和顺铣两种方式。如下图所示,铣刀旋转切入工件的方向与工件的进给方向相反时称为逆铣,相同时称为顺铣。

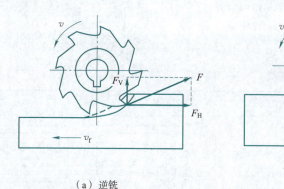

(a) 逆铣 (b) 顺铣

2. 顺铣和逆铣的选择

当工件表面无硬皮,机床进给机构无间隙时,应选用顺铣,按照顺铣安排进给路线。因为采用顺铣加工后,零件已加工表面质量好,刀齿磨损小。精铣时,尤其是零件材料为铝镁合金、铝合金或耐热合金时,应尽量采用顺铣。当工件表面有硬皮,机床的进给机构有间隙时,应选用逆铣,按照逆铣安排进给路线。因为逆铣时,刀齿是从已加工表面切入,不会崩刃;机床进给机构的间隙不会引起振动和爬行。

不积跬步,无以至千里;不积小流,无以成江海。

3.5.2 进给路线

1. 铣削外轮廓的进给路线

铣削平面零件外轮廓时,一般是采用立铣刀侧刃切削。刀具切入零件时,应避免沿零件外轮廓的法向切入,以免在切入处产生刀具的刻痕,而应沿切削起始点延长线或切线方向逐渐切入工件,保证零件曲线的平滑过渡。同样,在切离工件时,也应避免在切削终点处直接抬刀,要沿着切削终点延长线或切线方向逐渐切离工件。

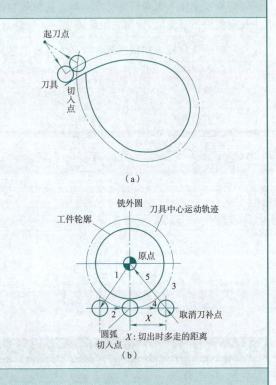

2. 铣削内轮廓的进给路线

铣削封闭的内轮廓表面时,同铣削外轮廓一样,刀具同样不能沿轮廓曲线的法向切入和切出。此时刀具可以沿一过渡圆弧切入和切出工件轮廓。右图所示为铣切内圆的进给路线。

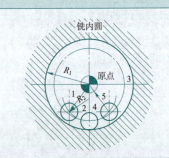

3. 铣削内槽的进给路线

所谓内槽是指以封闭曲线为边界的平底凹槽。这种内槽在飞机零件上常见,一律用平底立铣刀加工,刀具圆角半径应符合内槽的图纸要求。右图所示为加工内槽的三种进给路线。

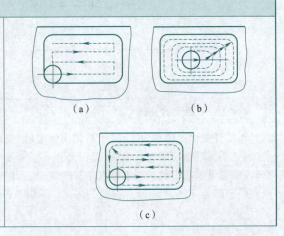

4. 铣削曲面的进给路线

对于边界敞开的曲面加工，可采用如右图所示的两种进给路线。对于发动机大叶片，当采用图(a)所示的加工方案时，每次沿直线加工，刀位点计算简单，程序少，加工过程符合直纹面的形成，可以准确保证母线的直线度。当采用图(b)所示的加工方案时，符合这类零件数据给出情况，便于加工后检验，叶形的准确度高，但程序较多。由于曲面零件的边界是敞开的，没有其他表面限制，所以曲面边界可以延伸，球头刀应由边界外开始加工。当边界不敞开时，确定进给路线要另行处理。

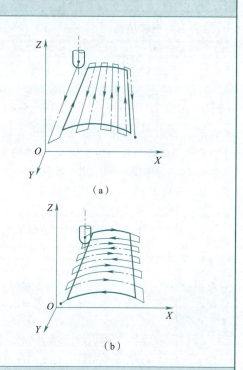

(a)

(b)

5. 凸台零件铣削加工进刀与退刀路线

用铣刀侧刃铣削平面轮廓时，为了保证铣削轮廓的完整平滑，应采用切向切入、切向切出的走刀路线，如右图所示。

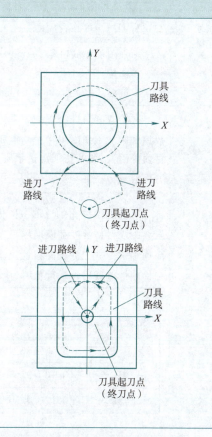

3.6 切削用量

3.6.1 切削用量的选择

1. 背吃刀量 a_p 或侧吃刀量 a_e

背吃刀量 a_p 为平行于铣刀轴线测量的切削层尺寸,单位为 mm。端铣时,a_p 为切削层深度;而圆周铣削时,为被加工表面的宽度。侧吃刀量 a_e 为垂直于铣刀轴线测量的切削层尺寸,单位为 mm。端铣时,a_e 为被加工表面宽度;而圆周铣削时,a_e 为切削层深度。

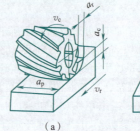
(a)

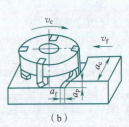
(b)

背吃刀量或侧吃刀量的选取

背吃刀量或侧吃刀量的选取主要由加工余量和对表面质量的要求决定。
- 当工件表面粗糙度值要求为 $Ra = 12.5 \sim 25\ \mu m$ 时,如果圆周铣削加工余量小于 5 mm,端面铣削加工余量小于 6 mm,粗铣一次进给就可以达到要求。但是在余量较大,工艺系统刚性较差或机床动力不足时,可分为两次进给完成。
- 当工件表面粗糙度值要求为 $Ra = 3.2 \sim 12.5\ \mu m$ 时,应分为粗铣和半精铣两步进行。粗铣时背吃刀量或侧吃刀量选取同前。粗铣后留 0.5 ~ 1.0 mm 余量,在半精铣时切除。
- 当工件表面粗糙度值要求为 $Ra = 0.8 \sim 3.2\ \mu m$ 时,应分为粗铣、半精铣、精铣三步进行。半精铣时背吃刀量或侧吃刀量取 1.5 ~ 2 mm;精铣时,圆周铣侧吃刀量取 0.3 ~ 0.5 mm,面铣刀背吃刀量取 0.5 ~ 1 mm。

2. 进给量 f 与进给速度 v_f 的选择

定义
- 铣削加工的进给量 f(mm/r)是指刀具转一周,工件与刀具沿进给运动方向的相对位移量。
- 进给速度 v_f(mm/min)是单位时间内工件与铣刀沿进给方向的相对位移量。

二者关系

进给速度与进给量的关系为 $v_f = nf$(n 为铣刀转速,单位 r/min)。进给量与进给速度是数控铣床加工切削用量中的重要参数,根据零件的表面粗糙度、加工精度要求、刀具及工件材料等因素,参考切削用量手册选取或通过选取每齿进给量 f_z,再根据公式 $f = Zf_z$(Z 为铣刀齿数)计算。

f_z 的选取

每齿进给量 f_z 的选取主要依据工件材料的力学性能、刀具材料、工件表面粗糙度等因素。工件材料强度和硬度越高,f_z 越小;反之则越大。硬质合金铣刀的每齿进给量高于同类高速钢铣刀。工件表面粗糙度要求越高,f_z 就越小。每齿进给量的确定可参考下表选取。工件刚性差或刀具强度低时,应取较小值。

工件材料	f_z/mm			
	粗铣		精铣	
	高速钢铣刀	硬质合金铣刀	高速钢铣刀	硬质合金铣刀
钢	0.10 ~ 0.15	0.10 ~ 0.25	0.02 ~ 0.05	0.10 ~ 0.15
铸铁	0.12 ~ 0.20	0.15 ~ 0.30		

3. 切削速度 v_c

影响因素

铣削的切削速度 v_c 与刀具的耐用度、每齿进给量、背吃刀量、侧吃刀量以及铣刀齿数成反比,而与铣刀直径成正比。其原因是当 f_z、a_p、a_e 和 Z 增大时,刀刃负荷增加,而且同时工作的齿数也增多,使切削热增加,刀具磨损加快,从而限制了切削速度的提高。为提高刀具耐用度允许使用较低的切削速度,但是加大铣刀直径则可改善散热条件,可以提高切削速度。

参考表

铣削加工的切削速度 v_c 可参考下表选取,也可参考有关切削用量手册中的经验公式通过计算选取。

工件材料	硬度 HBS	铣削速度/(m/min)		工件材料	硬度 HBS	铣削速度/(m/min)	
		硬质合金铣刀	高速钢铣刀			硬质合金铣刀	高速钢铣刀
低、中碳钢	<220	60~150	20~40	工具钢	200~250	45~80	12~25
	225~290	55~115	15~35				
	300~425	35~75	10~15				
高碳钢	<220	60~130	20~35	灰铸铁	100~140	110~115	25~35
	225~325	50~105	15~25		150~225	60~110	15~20
	325~375	35~50	10~12		230~290	45~90	10~18
	375~425	35~45	5~10		300~320	20~30	5~10
合金钢	<220	55~120	15~35	可锻铸铁	110~160	100~200	40~50
	225~325	35~80	10~25		160~200	80~120	25~35
	325~425	30~60	5~10		200~240	70~110	15~25
					240~280	40~60	10~20
				铝镁合金	95~100	360~600	180~300
不锈钢		70~90	20~35	黄铜		180~300	60~90
铸钢		45~75	15~25	青铜		180~300	30~50

3.6.2 切削用量参考表

1. 常用碳素钢材料切削用量选择

在工厂的实际生产过程中,切削用量一般根据经验并通过查表的方式来进行选取。常用碳素钢件或铸铁件材料(HB 150 ~ HB 300)切削用量的推荐值见下表。

常用钢件材料切削用量的推荐值

刀具名称	刀具材料	切削速度/(m/min)	进给量(速度)/(mm/r)	背吃刀量/mm
中心钻	高速钢	20~40	0.05~0.10	0.5D

续表

刀具名称	刀具材料	切削速度/(m/min)	进给量(速度)/(mm/r)	背吃刀量/mm
标准麻花钻	高速钢	20~40	0.15~0.25	0.5D
	硬质合金	40~60	0.05~0.20	0.5D
扩孔钻	硬质合金	45~90	0.05~0.40	≤2.5
机用铰刀	硬质合金	6~12	0.3~1	0.10~0.30
机用丝锥	硬质合金	6~12	P	0.5P
粗镗刀	硬质合金	80~250	0.10~0.50	0.5~2.0
精镗刀	硬质合金	80~250	0.05~0.30	0.3~1
立铣刀	硬质合金	80~250	0.10~0.40	1.5~3.0
或键槽铣刀	高速钢	20~40	0.10~0.40	≤0.8D
面铣刀	硬质合金	80~250	0.5~1.0	1.5~3.0
球头铣刀	硬质合金	80~250	0.2~0.6	0.5~1.0
	高速钢	20~40	0.10~0.40	0.5~1.0

2. 计算公式

通过所学知识对进给量 f、背吃刀量 α_p、切削速度 v_c 三者进行合理选用。下表提供了切削用量选择参考。

铣削切削参数计算公式表

符号	术语	单位	公式
v_c	切削速度	m/min	$v_c = \dfrac{\pi \times D_c \times n}{1\,000}$
n	主轴转速	r/min	$n = \dfrac{v_c \times 1\,000}{\pi \times D_c}$
v_f	进给速度	mm/min	$v_f = f_z \times n \times z_n = f_n \times n$
		mm/r	$v_f = f_n \times n$
f_z	每齿进给量	mm	$f_z = \dfrac{v_f}{n \times z_n}$
f_n	每转进给量	mm/r	$f_n = \dfrac{V_f}{n}$

3. 举例

条件:加工 50×50×10 的凸台,毛坯材料 45 钢,选用 φ10 的硬质合金键槽铣刀,背吃刀量为 1.5 mm。计算转速 S 的范围及进给速度 F 各是多少?(注意进给速度 F 的单位为 mm/min)

刀具名称	刀具材料	切削速度/(m/min)	进给量/(mm/r)	背吃刀量/mm
中心钻	高速钢	20～40	0.05～0.10	0.5D
立铣刀	硬质合金	80～250	0.10～0.40	1.5～3.0
键槽铣刀	高速钢	20～40	0.10～0.40	≤0.8D
面铣刀	硬质合金	80～250	0.5～1.0	1.5～3.0

应用过程:

$$n = \frac{1\,000\,v_c}{\pi d} = \frac{1\,000 \times 80}{3.14 \times 10} \text{ r/min} = 2\,547 \text{ r/min} \quad F_1 = n_1 \times f = 2\,547 \times 0.10 = 254$$

$$n = \frac{1\,000\,v_c}{\pi d} = \frac{1\,000 \times 250}{3.14 \times 10} \text{ r/min} = 7\,961 \text{ r/min} \quad F_2 = n_2 \times f = 7\,961 \times 0.4 = 3\,184$$

根据以上计算可知,转速 S 的范围为 2 547～7 961 r/min,进给速度 F 的范围为 254.7～7 961 mm/min。

第三部分 数控编程指令　单元一 数控编程基础

1.1 数控加工过程

数控加工过程

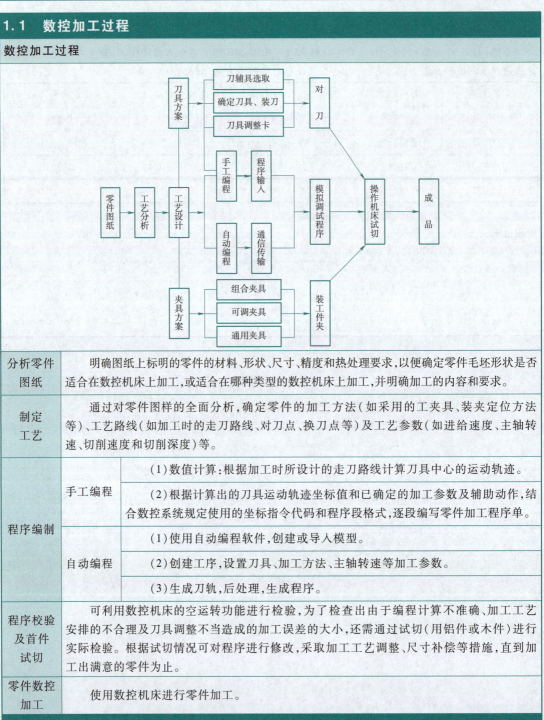

分析零件图纸	明确图纸上标明的零件的材料、形状、尺寸、精度和热处理要求,以便确定零件毛坯形状是否适合在数控机床上加工,或适合在哪种类型的数控机床上加工,并明确加工的内容和要求。	
制定工艺	通过对零件图样的全面分析,确定零件的加工方法(如采用的工夹具、装夹定位方法等)、工艺路线(如加工时的走刀路线、对刀点、换刀点等)及工艺参数(如进给速度、主轴转速、切削速度和切削深度)等。	
程序编制	手工编程	(1)数值计算:根据加工时所设计的走刀路线计算刀具中心的运动轨迹。 (2)根据计算出的刀具运动轨迹坐标值和已确定的加工参数及辅助动作,结合数控系统规定使用的坐标指令代码和程序段格式,逐段编写零件加工程序单。
	自动编程	(1)使用自动编程软件,创建或导入模型。 (2)创建工序,设置刀具、加工方法、主轴转速等加工参数。 (3)生成刀轨,后处理,生成程序。
程序校验及首件试切	可利用数控机床的空运转功能进行检验,为了检查出由于编程计算不准确、加工工艺安排的不合理及刀具调整不当造成的加工误差的大小,还需通过试切(用铝件或木件)进行实际检验。根据试切情况可对程序进行修改,采取加工工艺调整、尺寸补偿等措施,直到加工出满意的零件为止。	
零件数控加工	使用数控机床进行零件加工。	

1.2 数控机床坐标系

1.2.1 数控机床坐标系确定原则

机床坐标运动的判定	判断数控机床的坐标运动时,不管是刀具运动还是工件运动,都假定工件静止不动,刀具相对于工件运动,并且规定增大工件与刀具之间距离的方向为机床某一运动部件坐标运动的正方向。机床面板显示、编程都这样规定。

机床坐标轴的规定	为简化编程和保证程序的通用性，对数控机床的坐标轴和方向命名制定了统一的标准，规定直线进给坐标轴用 x、y、z 表示，常称基本坐标轴。x、y、z 坐标轴的相互关系用右手笛卡儿直角坐标决定，如下图所示，图中大拇指的指向为 x 轴的正方向，食指指向为 y 轴的正方向，中指指向为 z 轴的正方向。 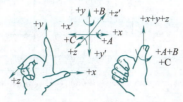 围绕 x、y、z 轴旋转的圆周进给坐标轴分别用 A、B、C 表示，根据右手螺旋定则，如图所示，以大拇指指向 $+X$、$+Y$、$+Z$ 方向，则食指、中指等的指向是圆周进给运动的 $+A$、$+B$、$+C$ 方向。
机床坐标系的建立	机床坐标系是机床固有的坐标系，机床坐标系的原点称为机床原点或机床零点。在机床经过设计、制造和调整后，这个原点便被确定下来，它是固定的点。 数控装置上电时并不知道机床零点，为了正确地在机床工作时建立机床坐标系，通常在每个坐标轴的移动范围内设置一个机床参考点（测量起点），机床起动时，通常要进行机动或手动回参考点，以建立机床坐标系。机床参考点可以与机床零点重合，也可以不重合，通过参数指定机床参考点到机床零点的距离。机床回到了参考点位置，也就知道了该坐标轴的零点位置，找到所有坐标轴的参考点，CNC 就建立起了机床坐标系。

1.2.2 数控机床坐标系确定方法

数控车床	（1）z 轴：与主轴轴线平行的坐标轴为 z 轴，刀架纵向离开卡盘的方向为 z 轴正向； （2）x 轴：x 轴与 z 轴垂直，正方向为刀架横向远离主轴轴线的方向。 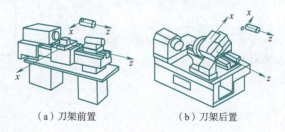 （a）刀架前置　　　　（b）刀架后置
数控铣床	（1）z 轴：一般选取产生切削力的主轴轴线为 z 轴，以刀具远离工件的方向为正方向； （2）x 轴：对于单立柱立式机床，操作者面对机床，由主轴头看机床立柱，水平向右方向为 x 轴正方向；对于双立柱立式（龙门）机床，操作者面对机床，由主轴头看机床左侧立柱，水平向右方向为 x 轴正方向；对于卧式机床，眼睛、主轴头、工件三点成一线，右手指向水平向右方向为 x 轴正方向。 （3）y 轴：根据已确定的 x、z 轴，按右手笛卡儿直角坐标系规则来确定。 （4）A、B、C 轴：根据已确定的 x、y、z 轴，用右手螺旋法则分别确定 A、B、C 三个回转坐标轴，螺旋前进方向为其正方向。

尺有所短，寸有所长。

数控铣床	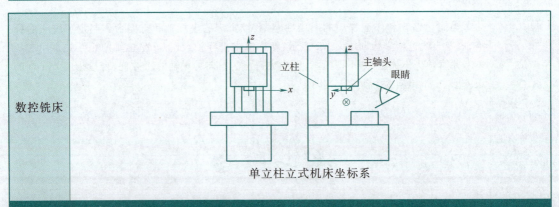 单立柱立式机床坐标系

1.3 工件坐标系

1.3.1 工件坐标系确定方法

工件坐标系定义	工件坐标系是编程人员在编程时使用的,编程人员选择工件上的某一已知点为原点(又称程序原点),建立一个新的坐标系,称为工件坐标系。工件坐标系一旦建立便一直有效,直到被新的工件坐标系所取代。
工件坐标系确定原则	工件坐标系的原点选择要尽量满足编程简单,尺寸换算少,引起的加工误差小等条件。一般情况下,程序原点应选在尺寸标注的基准或定位基准上。

1.3.2 工件坐标系设定举例

数控车床	对车床编程而言,工件坐标系原点一般选在工件轴线与工件的前端面、后端面、卡爪前端面的交点上。 如右图所示,工件坐标系原点设定在工件轴线与工件的前端面的交点上。 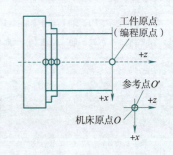
数控铣床	一般情况下,坐标式尺寸标注的零件,工件坐标系原点(程序原点)应选在尺寸标注的基准点;对称零件或以同心圆为主的零件,工件坐标系原点(程序原点)应选在对称中心线或圆心上,z轴的程序原点通常选在工件的上表面。 如右图所示,工件坐标系原点设定在工件的对称中心线上,z轴的程序原点选在工件的上表面。 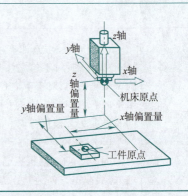

第三部分 数控编程指令　　单元二 基本编程指令

2.1 辅助功能

2.1.1 功能列表

辅助功能指令列表

代码	模态	功能说明	代码	模态	功能说明
M00	非模态	程序停止	M03	模态	主轴正转起动
M01	非模态	计划停止	M04	模态	主轴反转起动
M02	非模态	程序结束	M05	模态	主轴停止转动
M06	非模态	换刀	M07	模态	切削液打开
M30	非模态	程序结束并返回程序起点	M08	模态	切削液打开
M98	非模态	调用子程序	M09	模态	切削液停止
M99	非模态	子程序结束			

• 视频 •

数控机床基本指令

2.1.2 格式

辅助功能指令格式

功能	表示数控机床辅助装置的接通和断开。
格式	M00—M99,前置的"0"可省略不写。
注意事项	1. M00、M02、M30、M98、M99 用于控制零件程序的走向,是 CNC 内定的辅助功能,不由机床制造商设计决定,也就是说,与 PLC 程序无关。 2. 其余 M 代码用于机床各种辅助功能的开关动作,其功能不由 CNC 内定,而是由 PLC 程序指定,所以有可能因机床制造厂不同而有差异,请使用者参考机床说明书。

2.1.3 应用举例

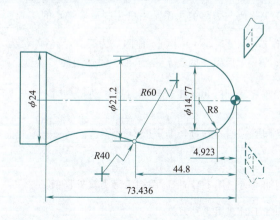

穷不失义,达不离道。

O3110；（主程序程序名）	O0003；（子程序名）
N1 G00 X32 Z1；（定义起点的位置） N2 G00 Z0 M03；（移到子程序起点处、主轴正转） N3 M98 P60003；（调用子程序，并循环6次） N4 G00 X32 Z1；（返回起点） N5 M05；（主轴停） N6 M30；（主程序结束并复位）	N1 G01 U－12 F0.2；（进刀到切削起点处） N2 G03 U7.385 W－4.923 R8；（加工R8圆弧段） N3 U3.215 W－39.877 R60；（加工R60圆弧段） N4 G02 U1.4 W－28.636 R40；（加工切R40圆弧段） N5 G00 U4；（离开已加工表面） N6 W73.436；（回到循环起点Z轴处） N7 G01 U－4.8 F100；（调整每次循环的切削量） N8 M99；（子程序结束，并回到主程序）

2.2 进给功能

2.2.1 进给功能格式

功能	表示刀具切削加工时进给速度的大小。
格式	F_ 数控车床：F的单位取决于G98（每分钟进给量 mm/min）或G99（主轴每转一转刀具的进给量 mm/r），默认为G99； 数控铣床：F的单位取决于G94（每分钟进给量 mm/min）或G95（主轴每转一转刀具的进给量 mm/r），默认为G94。
注意事项	1. 工作在G01、G02或G03方式下，编程的F一直有效，直到被新的F值所取代，而工作在G00方式下，快速定位的速度是各轴的最高速度，与所编程的F无关。 2. 借助机床控制面板上的倍率按键，F可在一定范围内进行倍率修调。当执行攻丝循环G76、G82、螺纹切削时，倍率开关失效，进给倍率固定在100%。

2.2.2 应用举例

数控车床	N10 G1 X20 Z－10 F0.2 表示刀具进给速度为0.2 mm/r。
数控铣床	N10 G1 X10 Y－10 F70 表示刀具进给速度为70 mm/min。

2.3 刀具功能

2.3.1 刀具功能格式

功能	用于选刀，T代码与刀具的关系是由机床制造厂规定的。
格式	数控车床：Txxxx，T后跟4位数字，前两位为刀具号，后两位为刀具补偿号。 数控铣床：Txx，T后跟2位数字，表示加工时选用的刀具号。
注意事项	1. 当一个程序段同时包含T代码与刀具移动指令时：首先执行T代码指令，然后执行刀具移动指令。 2. T指令同时调入刀补寄存器中的刀补值。

2.3.2 应用举例

T0101	表示车削加工时选用1号刀具，调用1号刀具补偿值。
T05	表示铣削加工时选用5号刀具。

2.4 主轴转速功能

2.4.1 主轴转速功能格式

功能	控制主轴转速。
格式	S_,后面数值表示主轴转速,单位为转/分钟(r/min)。
注意事项	(1)S 是模态指令。 (2)S 功能只有在主轴速度可调节时有效。 (3)S 所编程的主轴转速可以借助机床控制面板上的主轴倍率开关进行修调。 (4)车削恒线速度功能时 S 指定切削线速度,其后的数值单位为米/分钟(m/min)。 (G96 恒线速度有效、G97 取消恒线速度)

2.4.2 应用举例

S1000	表示主轴转速为 1 000 r/min。

3.1 快速点定位

3.1.1 快速点定位格式

	数控车床	数控铣床
功能	指刀具以机床规定的速度（快速）从所在位置移动到目标点。	
格式	G00(G0)X(U)__ Z(W)__; 其中，X、Z为目标点的绝对尺寸坐标，U、W为目标点的增量尺寸坐标。	G90/G91 G00(G0)X__ Y__ Z__; 其中，X、Y、Z为目标点的尺寸坐标，在G90时为终点在工件坐标系中的坐标，在G91时为终点相对于前一点的位移量。
注意事项	(1) 用G00指令快速移动时，地址F下编程的进给速度无效。 (2) G00为模态有效代码，一经使用持续有效，直到同组G代码（G01,G02,G03,…）取代。 (3) G00指令刀具运动速度快，容易撞刀，使用在退刀及空行程场合，能减少运动时间，提高效率。 (4) G00指令目标点不能设置在工件上，一般应离工件有一定的安全距离，也不能在移动过程中碰到机床、夹具等。	

3.1.2 应用举例

数控车床	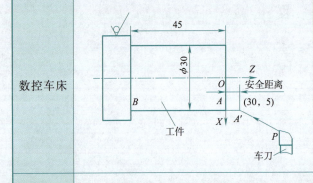	假设当前刀具位于 P 点，执行 G00 X30 Z5; 则刀具由 P 点快速移动到点 $A'(30,5)$ 位置。
数控铣床	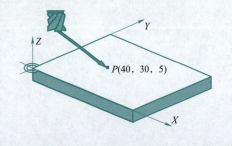	G00 X40 Y30 Z5; 刀具空间快速运动至 P 点(40,30,5)位置。

3.2 直线插补

3.2.1 直线插补格式

	数控车床	数控铣床
功能	刀具以进给功能F编程的进给速度沿直线从起始点加工到目标点。	

	数控车床	数控铣床
格式	G01(G1)X(U)__ Z(W)__ F__; 其中，X、Z为目标点的绝对尺寸坐标，U、W为目标点的增量尺寸坐标； F为直线插补时进给速度，单位一般为毫米/转（mm/r）。	G90/G91 G01(G1)X__ Y__ Z__ F__; 其中，X、Y、Z为目标点的尺寸坐标，在G90时为终点在工件坐标系中的坐标，在G91时为终点相对于前一点的位移量。
注意事项	(1) G01用于直线切削加工，必须给定刀具进给速度。 (2) G01为模态有效代码，一经使用持续有效，直到同组G代码（如G00、G02、G03等）取代。 (3) 刀具空间运行或退刀时用此指令则运动时间长，效率低。	

3.2.2 应用举例

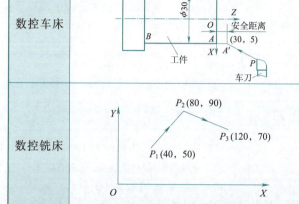

数控车床		刀具从P点快速移动到A'点，坐标为(30,5)，Z方向留安全距离，然后直线加工到B点，B点坐标为(30,-45)。 加工程序：N10 G00 X30 Z5; 　　　　　N20 G01 X30 Z-45 F0.2;
数控铣床		刀具起点在P_1点，直线加工至P_2点，再直线加工至P_3点，数控程序为： N10 G1 X80 Y90 F70;（由P_1直线插补至P_2，进给速度为70 mm/min） N20 X120 Y70;（由P_2直线插补至P_3，G1、F70为模态指令可不写）

3.3 圆弧插补指令
3.3.1 格式

	数控车床	数控铣床
功能	G02/G03（G2/G3）指令刀具，按顺时针/逆时针进行圆弧加工。	
格式	G18 $\begin{Bmatrix} G02 \\ G03 \end{Bmatrix}$ X(U)_ Z(W)_ $\begin{Bmatrix} I\_K\_ \\ R\_ \end{Bmatrix}$ F_ 其中，G02为顺时针圆弧插补，G03为逆时针圆弧插补； G18表示ZX平面的圆弧； X、Z为目标点的绝对尺寸坐标；U、W为目标点的增量尺寸坐标； I、K为圆心相对于圆弧起点的增加量（等于圆心的坐标减去圆弧起点的坐标），在绝对、增量编程时都是以增量方式指定； R为圆弧半径； F为被编程的两个轴的合成进给速度。	$\begin{Bmatrix} G17 \\ G18 \\ G19 \end{Bmatrix} \begin{Bmatrix} G02 \\ G03 \end{Bmatrix}$ X_ Y_ Z_ $\begin{Bmatrix} I\_J\_K\_ \\ R\_ \end{Bmatrix}$ F_ G02为顺时针圆弧插补，G03为逆时针圆弧插补； G17表示XY平面的圆弧，G18表示ZX平面的圆弧，G19表示YZ平面的圆弧； X、Y、Z为圆弧终点，在G90时为圆弧终点在工件坐标系中的坐标，在G91时为圆弧终点相对于圆弧起点的位移量； I、J、K为圆心相对于圆弧起点的增加量（等于圆心的坐标减去圆弧起点的坐标），在绝对、增量编程时都是以增量方式指定； R为圆弧半径，当圆弧圆心角小于180时R为正值，否则R为负值； F为被编程的两个轴的合成进给速度。

顺时针、逆时针判别方法	圆弧插补 G02/G03 的判断,是在加工平面内,根据其插补时的旋转方向为顺时针/逆时针来区分的。加工平面为观察者迎着 Y 轴的指向,所面对的平面。	圆弧插补 G02/G03 的判断,是在加工平面内,根据其插补时的旋转方向为顺时针/逆时针来区分的。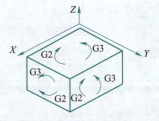
注意事项	(1)顺时针或逆时针是从垂直于圆弧所在平面的坐标轴的正方向看到的回转方向。 (2)同时编入 R 与 I、K 时,R 有效。	(1)顺时针或逆时针是从垂直于圆弧所在平面的坐标轴的正方向看到的回转方向。 (2)整圆编程时不可以使用 R,只能用 I、J、K。 (3)同时编入 R 与 I、J、K 时,R 有效。

3.3.2 应用举例

数控车床		N1 M03 S400;(主轴以 400 r/min 旋转) N2 G00 X40 Z5;(定义起刀点的位置) N3 G00 X0;(到达工件中心) N4 G01 Z0 F0.2;(工进接触工件毛坯) N5 G03 U24 W−24 R15;(加工 R15 圆弧段) N6 G02 X26 Z−31 R5;(加工 R5 圆弧段) N7 G01 Z−40;(加工 φ26 外圆) N8 G01 X40; N9 G00 Z5;(回起刀点) N10 M30;(主程序结束并复位)
数控铣床		1. 从 A 点顺时针一周时 G90 G02 X30 Y0 I−30 J0 F300; G91 G02 X0 Y0 I−30 J0 F300; 2. 从 B 点逆时针一周时 G90 G03 X0 Y−30 I0 J30 F30; G91 G03 X0 Y0 I0 J30 F300;

4.1 内外圆柱(锥)面固定循环

4.1.1 内外圆柱(锥)面固定循环格式

功能	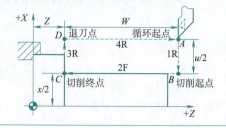 用一个含 G 代码的程序段完成左侧图示 $A \to B \to C \to D \to A$ 的轨迹动作； R 表示快速移动； F 表示以指定速度 F 移动。
格式	G90 X(U)__ Z(W) R__ F__； 其中，X、Z 为目标点的绝对尺寸坐标，U、W 为目标点的增量尺寸坐标； R 为切削起点与切削终点的半径差，其符号为差的符号(无论是绝对值编程还是增量值编程)。
注意事项	使用 G90 指令，刀具必须先定位至循环起点，且完成一个循环切削后，刀具仍回到此循环起点。

4.1.2 应用举例

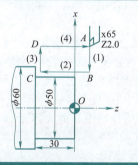

M03 S500；	（主轴以 500 r/min 旋转）
G00 X65 Z2；	（定位至循环起点）
G90 X55 Z－30 I0 F0.2；	（加工第一次循环，吃刀深 2.5 mm，I0 可省略）
X50 Z－30 I0；	（加工第二次循环，吃刀深 2.5 mm，I0 可省略）
M05；	（主轴停）
M30；	（主程序结束并复位）

4.2 端面(径向)固定循环

4.2.1 端面(径向)固定循环格式

功能	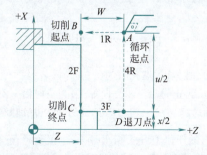 用一个含 G 代码的程序段完成左侧图示 $A \to B \to C \to D \to A$ 的轨迹动作； R 表示快速移动； F 表示以指定速度 F 移动。
格式	G94 X(U)__ Z(W) R__ F__； 其中，X、Z 为目标点的绝对尺寸坐标，U、W 为目标点的增量尺寸坐标； R 为切削起点与切削终点 Z 坐标之差，其符号为差的符号(无论是绝对值编程还是增量值编程)。

| 注意事项 | 使用 G94 指令,刀具必须先定位至循环起点,且完成一个循环切削后,刀具仍回到此循环起点。 |

4.2.2 应用举例

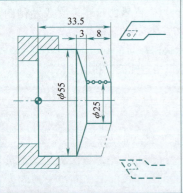

N1 G00 X60 Z45 M03 S500;(主轴正转,到循环起点)
N2 G94 X25 Z31.5 R−3.5 F0.2;(加工第一次循环,吃刀深 2 mm)
N3 X25 Z29.5 R−3.5;(每次吃刀均为 2 mm)
N4 X25 Z27.5 R−3.5;(每次切削起点位,距工件外圆面 5 mm,故 R 值为−3.5)
N5 X25 Z25.5 R−3.5;(加工第四次循环,吃刀深 2 mm)
N6 M05;(主轴停)
N7 M30;(主程序结束并复位)

4.3 内(外)径粗车复合循环指令

4.3.1 内(外)径粗车复合循环指令格式

功能	运用内(外)径粗车复合循环指令,只需指定精加工路线和粗加工的吃刀量,系统会自动计算粗加工路线和走刀次数。该指令执行路径为如左图所示的轨迹。R 表示快速移动。F 表示以指定速度 F 移动。适用于切除棒料毛坯的大部分加工余量,适合于加工轴类零件。
格式	G71 U(Δd) R(e); G71 P(ns) Q(nf) U(Δu) W(Δw) F(f) S(s) T(t); 其中,Δd——背吃刀量(层厚),半径值,无正负号; e——退刀量,半径值,无正负号; ns——轮廓起始段号,该程序段只能有 X 坐标,用 G00\G01 编程; nf——轮廓结束段号; Δu——X 精车余量,直径值,车外圆时为正,镗孔时为负; Δw——Z 方向精车余量,带正负号,为正时沿−Z 方向加工;为负时沿+Z 方向加工; F——粗车进给量;S——粗车主轴转速;T——粗车刀具;FST 可以提前赋值。
注意事项	(1)关于 F、S、T:ns 至 nf 程序段内的任何 F、S、T 粗车时无效,精车时有效。 (2)关于轮廓单调性(递增):Ⅰ型系统,ns 至 nf 间的轨迹须为单调,Ⅱ型无要求。 (3)关于精车余量 Δu、Δw:要保证大于过切量过切。 (4)其他:ns 至 nf 程序段内不得有固定循环、参考点返回、螺纹车削指令、调用子程序;可以调用宏程序,刀尖半径补偿。 (5)G71 粗加工,G70 精加工。

4.3.2 应用举例

用外径粗加工复合循环编制图示零件加工程序:循环起始点在 $A(46,3)$,切削深度为 1.5 mm(半径量),退刀量为 1 mm,X 方向精加工余量为 0.4 mm,Z 方向精加工余量为 0.1 mm,其中点画线部分为工件毛坯。

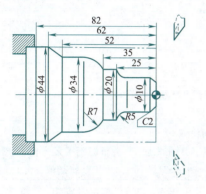

N1 M03 S400 T0101;(主轴以 400 r/min 正转,换 1 号刀)
N2 G00 X46 Z3 F0.2;(刀具到循环起点位置)
N3 G71 U1.5 R1 ;(粗切量 1.5 mm,退刀量 1 mm)
N4 G71 P5 Q13 U0.4 W0.1;(精切量 X0.4 mm Z0.1 mm)
N5 G00 X0;(精加工轮廓起始行,到倒角延长线);
N6 G01 X10 Z−2;(精加工 C2 倒角)
N7 Z−20;(精加工 φ10 外圆);
N8 G02 U10 W−5 R5;(精加工 R5 圆弧)
N9 G01 W−10;(精加工 φ20 外圆)
N10 G03 U14 W−7 R7;(精加工 R7 圆弧)
N11 G01 Z−52;(精加工 φ34 外圆)
N12 U10 W−10;(精加工外圆锥)
N13 W−20;(精加工 φ44 外圆,精加工轮廓结束行)
N14 G00 X80 Z80;(回换刀点)
N15 M05;(主轴停)
N16 M30;(主程序结束并复位)

用内径粗加工复合循环编制图示零件加工程序:循环起始点在 $A(46,3)$,切削深度为 1.5 mm(半径量),退刀量为 1 mm,X 方向精加工余量为 0.4 mm,Z 方向精加工余量为 0.1 mm,其中点画线部分为工件毛坯。

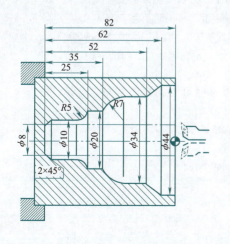

N1 T0101 M03 S400;(换一号刀,主轴以 400 r/min 正转)
N2 X6 Z5;(到循环起点位置)
N3 G71 U1.5R1;(粗切量 1.5 mm,退刀量 1 mm)
N4 G71 P5 Q13 U−0.4 W0.1 F0.2;(精切量 X0.4 mm Z0.1 mm)
N5 G00 X44;(精加工轮廓开始,到 φ44 外圆处)
N6 G01 W−25 F0.1;(精加工 φ44 外圆)
N7 U−10 W−10;(精加工外圆锥)
N8 W−10;(精加工 φ34 外圆)
N9 G03 U−14 W−7 R7;(精加工 R7 圆弧)
N10 G01 W−10;(精加工 φ20 外圆)
N11 G02 U−10 W−5 R5;(精加工 R5 圆弧)
N12 G01 Z−80;(精加工 φ10 外圆)
N13 U−4 W−2;(精加工 C2 倒角,精加工轮廓结束)
N14 G00 Z80;(退出工件内孔)
N15 X80;(回程序起点或换刀点位置)
N16 M05;(主轴停)
N17 M30;(主程序结束并复位)

4.4 端面粗车复合循环指令

4.4.1 端面粗车复合循环指令格式

功能

运用端面粗车复合循环指令,只需指定精加工路线和粗加工的吃刀量,系统会自动计算粗加工路线和走刀次数。

该指令执行路径为如左图所示的轨迹。

R 表示快速移动。

F 表示以指定速度 F 移动。

适合加工阶梯直径相差较大的孔盘类零件。

格式

G72 W(Δd) R(e);
G72 P(ns) Q(nf) U(Δu) W(Δw) F(f) S(s) T(t);

其中,Δd——背吃刀量(Z 向),无正负号;

e——退刀量(Z 向),无正负号;

ns——轮廓起始段号,该程序段只能有 Z 坐标,用 G00/G01 编程;

nf——轮廓结束段号;

Δu——X 精车余量,直径值,车外圆时为正,镗孔时为负;

Δw——Z 方向精车余量,带正负号,为正时沿 -Z 方向加工;为负时沿 +Z 方向加工;

F——粗车进给量;S——粗车主轴转速;T——粗车刀具;FST 可以提前赋值;

注意事项

(1) 关于 F、S、T:ns 至 nf 程序段内的任何 F、S、T 粗车时无效,精车时有效。

(2) 关于轮廓单调性(递增):Ⅰ型系统,ns 至 nf 间的轨迹须为单调,且 ns 段仅有 X,G00/G01 编程,Ⅱ型无要求。

(3) 关于精车余量 Δu、Δw:要保证大于过切量过切。

(4) 其他:ns 至 nf 程序段内不得有固定循环、参考点返回、螺纹车削指令、调用子程序;可以调用宏程序,刀尖半径补偿。

(5) G72 粗加工,G70 精加工。

4.4.2 应用举例

用端面粗加工复合循环编制图示零件加工程序:循环起始点在 $A(116,3)$,切削深度为 2 mm(半径量),退刀量为 1 mm,X 方向精加工余量为 0.5 mm,Z 方向精加工余量为 0.5 mm,工件毛坯直径为 $\phi115$。

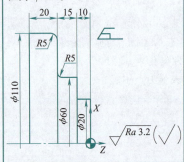

N1 M03 S400 T0101;(主轴以 400 r/min 正转,换 1 号刀)
N2 G00 X116 Z3 F0.2;(刀具到循环起点位置)
N3 G72 W2 R1;(粗切量 2 mm,退刀量 1 mm)
N4 G72 P5 Q13 U0.5 W0.5;(精切量 X0.5 mm Z0.5 mm)
N5 G00 Z-45;(精加工轮廓起始行,轮廓由后向前)
N6 G01 X110 Z-45;(精轮廓起点)
N7 X110 Z-25,R5;(精加工 $\phi110$ 外圆与 R5 圆弧)
N8 X70;(精加工 $\phi110$ 端面)
N9 G03 X60 Z-20 R5;(精加工 R5 圆弧)
N10 G01 Z-10;(精加工 $\phi60$ 外圆)
N11 X20;(精加工 $\phi60$ 端面)
N12 Z1;(精加工 $\phi20$ 外圆)
N13 G00 G40 X18 Z2;(取消刀补,精加工轮廓结束行)
N14 G00 X80 Z80;(回换刀点)
N15 M05;(主轴停)
N16 M30;(主程序结束并复位)

5.1 单行程螺纹插补指令

5.1.1 单行程螺纹插补指令格式

功能	基本螺纹切削指令,用于加工等螺距的圆柱螺纹(a)、锥螺纹(b)、(c)和端面螺纹(d)等常用螺纹。 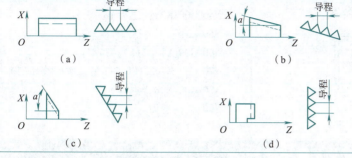
格式	G32 X(U)__ Z(W)__ F__ Q__ ; 其中,X(U)、Z(W)为螺纹终点坐标; 若 X(U)为 0 或省略,表示圆柱螺纹切削(a);若 Z(W)为 0 或省略,表示端面螺纹切削(d); F__为加工螺纹导程。如果是圆锥螺纹,则 F 指圆锥长轴的导程,即螺纹斜角 $\alpha \leqslant 45°$,长轴为 Z 轴(b);斜角 $\alpha > 45°$,长轴为 X 轴(c); Q__表示螺纹加工圆周方向起始点偏置。
注意事项	(1)从螺纹粗加工到精加工,主轴的转速必须保持一常数。 (2)在没有停止主轴的情况下,停止螺纹的切削将非常危险,因此螺纹切削时进给保持功能无效,如果按下进给保持按键,刀具在加工完螺纹后停止运动。 (3)在螺纹加工中不使用恒定线速度控制功能。 (4)螺纹加工轨迹中应设置足够的升速进刀段 δ 和降速退刀段 δ′,以消除伺服滞后造成的螺距误差。
进给次数与吃刀量	米制螺纹

	螺距	1.0	1.5	2	2.5	3	3.5	4
	牙深(半径量)	0.649	0.974	1.299	1.624	1.949	2.273	2.598
切削次数及吃刀量(直径量)	1 次	0.7	0.8	0.9	1.0	1.2	1.5	1.5
	2 次	0.4	0.6	0.6	0.7	0.7	0.7	0.8
	3 次	0.2	0.4	0.6	0.6	0.6	0.6	0.6
	4 次		0.16	0.4	0.4	0.4	0.6	0.6
	5 次			0.1	0.4	0.4	0.4	0.4
	6 次				0.15	0.4	0.4	0.4
	7 次					0.2	0.2	0.4
	8 次						0.15	0.3
	9 次							0.2

5.1.2 应用举例

用 G32 加工 M20×1.5 圆柱螺纹,假设分两刀。

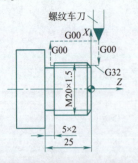

```
N10 G00 X28.0 Z3.0;(定位)
N20 X18.5;(进刀)
N30 G32 Z-22 F1.5;(第一次螺纹切削)
N40 G00 X28;(退刀)
N50 Z3;
N60 G00 X18.2;(进刀)
N70 G32 Z-22 F1.5;(第二次螺纹切削)
N80 G00 X28;(退刀)
N90 Z3;(退刀)
```

5.2 螺纹切削单一固定循环指令

5.2.1 螺纹切削单一固定循环指令格式

功能	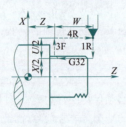 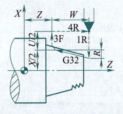 单一固定循环指令,用于加工等螺距的圆柱螺纹、锥螺纹和端面螺纹等常用螺纹。执行"快速进刀—螺纹切削—快速退刀—返回起点"四个动作。 R 表示快速移动。 F 表示以指定速度 F 移动。 G32 螺纹切削。
格式	G92 X(U)__ Z(W)__ F__ R__; 其中,X(U)、Z(W)为螺纹终点坐标; F_为加工螺纹导程; R_表示螺纹起点与终点的半径差,其符号为差的符号(无论是绝对值编程还是增量值编程)。
注意事项	(1)在螺纹切削期间,按下进给保持时,刀具将在完成一个螺纹切削循环后再进入进给保持状态。 (2)如果在单段方式下执行 G92 循环,则每执行一次循环必须按四次循环起动按钮。 (3)G92 指令是模态指令,当 Z 轴移动量没有变化时,只需对 X 轴指定移动指令即可重复固定循环。 (4)执行 G92 循环,在螺纹切削的收尾处,沿接近 45°的方向斜向退刀,退刀 Z 向距离。 (5)在 G92 指令执行期间,进给速度倍率、主轴速度倍率均无效。

5.2.2 应用举例

用 G92 加工 M20×1.5 圆柱螺纹。

参考进给次数与吃刀量,分四刀完成,吃刀量分别为 0.8、0.6、0.4、0.16。

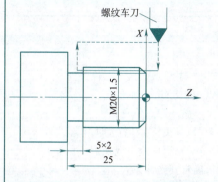

分四刀完成:
N10 G00 X28. Z3. ;(定位到循环起点)
N20 M03 S300;(主轴以 300 r/min 正转)
N30 G92 X19.2 Z-23. F1.5;(第一次循环切螺纹,切深 0.8 mm)
N40 X18.6;(第二次循环切螺纹,切深 0.8 mm)
N50 X18.2;(第三次循环切螺纹,切深 0.8 mm)
N60 X18.04;(第四次循环切螺纹,切深 0.8 mm)
N70 G00 X100 Z100;(回换刀点)
N80 M05;(主轴停)
N90 M30;(主程序结束并复位)

5.3 螺纹切削复合循环指令

5.3.1 螺纹切削复合循环指令格式

功能

设置相关参数后,可以自动完成圆柱螺纹、圆锥螺纹、外螺纹、内螺纹的加工。

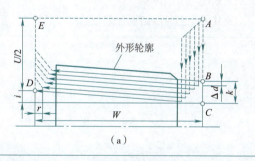
(a)

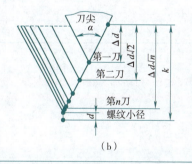
(b)

格式

G76 P(m)(r)(α)Q(Δdmin)R(d);
G76 X(U)_Z(W) _R(i)P(k) Q(Δd) F(l);

其中,m——精车削次数,必须用两位数表示,范围为 01~99;

r——螺纹末端倒角量,必须用两位数表示,范围为 00~99,例如,r=10,则倒角量=10×0.1×导程=导程;

α——刀具角度,有 80°、60°、55°、30°、29°、0°等几种;

Δdmin——最小切削深度,半径 μm,Δdmin=0.02 mm,需写成 Q20;

d——精车余量,半径 μm;

X(U)、Z(W)——螺纹终点坐标。X 即螺纹的小径,Z 即螺纹的长度;

i——车削锥度螺纹时,终点 B 到起点 A 的向量值。若 I=0 或省略,则表示车削圆柱螺纹;

k——X 轴方向螺纹深度,半径 μm;

Δd——第一刀切削深度,半径 μm,例如,Δd=0.6 mm,需写成 Q600;

l——螺纹的导程。

注意事项	（1）调用法那克系统 G76 循环前,刀具应处于循环起点位置;外螺纹起点位置处于大于螺纹直径位置,内螺纹处于小于螺纹直径位置,Z 方向保证有空刀导入量。 （2）G76 循环中 P(k)、Q(Δd)、R(i)、R(d)、Q(Δdmin)均不支持小数点输入。 （3）X、Z 螺纹终点坐标是指螺纹终点牙底坐标;U、W 是螺纹终点牙底相对于螺纹起始点增量坐标。

5.3.2 应用举例

用螺纹切削复合循环 G76 指令编程,加工螺纹为 ZM60×2,工件尺寸见下图,其中括号内尺寸根据标准得到。

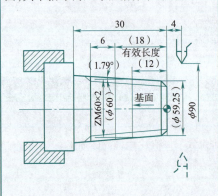

N1 T0101;（换一号刀）
N2 G00 X100 Z100;（到程序起点或换刀点位置）
N3 M03 S400;（主轴以 400 r/min 正转）
N4 G00 X90 Z4;（到简单循环起点位置）
N5 G90 X61.125 Z-30 I-1.063 F80;（加工锥螺纹外表面）
N6 G00 X100 Z100 M05;（到程序起点或换刀点位置）
N7 T0202;（换二号刀,确定其坐标系）
N8 M03 S300;（主轴以 300 r/min 正转）
N9 G00 X90 Z4;（到螺纹循环起点位置）
N10 G76 P021160 U100 V100;
N11 G76 X58.15 Z-24 I-0.875 P1299 Q900 F2;
N11 G00 X100 Z100;（返回程序起点位置或换刀点位置）
N12 M05;（主轴停）
N13 M30;（主程序结束并复位）

6.1 刀具半径补偿功能

6.1.1 刀具半径补偿功能格式

	数控车床	数控铣床
功能	车刀的刀位点一般为理想状态下的假想刀尖 C 点或刀尖圆弧圆心 O 点。但实际加工中的车刀，由于工艺或其他要求，刀尖往往不是一理想点，而是一段圆弧。实际切削点 A 与理论切削点 C 车圆柱、端面无多切、少切现象；车锥面、球面有多切、少切现象，且上坡少切，下坡多切。使用刀尖半径补偿功能可以消除这种误差。	使刀具在所选择的平面内向左或向右偏置一个半径值，编程时只需按零件轮廓编程，不需要计算刀具中心运动轨迹，从而方便、简化计算和程序编制。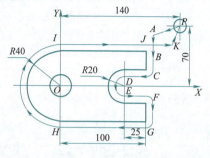
格式	$\begin{Bmatrix} G40 \\ G41 \\ G42 \end{Bmatrix} \begin{Bmatrix} G00 \\ G01 \end{Bmatrix} X\_Z\_;$ 其中，G40——取消刀尖半径补偿； G41——左刀补（在刀具前进方向左侧补偿）； G42——右刀补（在刀具前进方向右侧补偿）； X,Z——G00/G01 的参数，即建立刀补或取消刀补的终点。	$\begin{Bmatrix} G17 \\ G18 \\ G19 \end{Bmatrix} \begin{Bmatrix} G40 \\ G41 \\ G42 \end{Bmatrix} \begin{Bmatrix} G00 \\ G01 \end{Bmatrix} X\_Y\_Z\_D\_;$ 其中，G40——取消刀具半径补偿； G41——左刀补（在刀具前进方向左侧补偿）； G42——右刀补（在刀具前进方向右侧补偿）； G17、G18、G19——刀具半径补偿平面分别为 XY 平面、ZX 平面、YZ 平面； X,Y,Z——G00/G01 的参数，即刀补建立或取消的终点； D——G41/G42 的参数，即刀补号码（D00～D99）代表了刀补表中对应的半径补偿值。
判别方法	从插补平面垂直轴的正方向往负方向看插补平面，沿着刀具前进方向： 刀具在工件的左侧为左刀补，用 G41； 刀具在工件的右侧为右刀补，用 G42。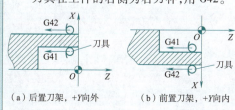 （a）后置刀架，+Y 向外　（b）前置刀架，+Y 向内	从插补平面垂直轴的正方向往负方向看插补平面，沿着刀具前进方向： 刀具在工件的左侧为左刀补，用 G41； 刀具在工件的右侧为右刀补，用 G42。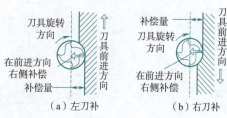 （a）左刀补　（b）右刀补

学然后知不足。

注意事项	（1）G40、G41、G42 都是模态代码，可相互注销。 （2）G41/G42 不带参数，其补偿号（代表所用刀具对应的刀尖半径补偿值）由 T 代码指定。其刀尖圆弧补偿号与刀具偏置补偿号对应。 （3）刀尖半径补偿的建立与取消只能用 G00 或 G01 指令，不得是 G02 或 G03。 （4）刀尖圆弧半径补偿寄存器中，定义了车刀圆弧半径及刀尖的方向号。 车刀刀尖的方向号定义了刀具刀位点与刀尖圆弧中心的位置关系，方向号为 0 ~ 9，共 10 个方向，如下图所示。 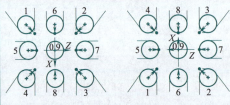 (a) 前置刀架（右手车）　(b) 后置刀架（左手车）	（1）G40、G41、G42 都是模态代码，可相互注销。 （2）刀具半径补偿平面的切换必须在补偿取消方式下进行。 （3）刀具半径补偿的建立与取消只能用 G00 或 G01 指令，不得是 G02 或 G03。 （4）刀具半径补偿指令应指定所在的补偿平面（G17/G18/G19）。 （5）建立刀具半径补偿 G41/G42 程序段之后应紧接着是工件轮廓的第一个程序段（除 M 指令或在补偿的平面内没有位移的程序段）。 （6）刀补的建立或取消走斜线轨迹长度要大于或等于刀具半径补偿值。 （7）刀具半径补偿值应小于或等于内圆弧半径，否则会发生程序错误报警。

6.1.2 应用举例

数控车床	考虑刀尖半径补偿，编制图示零件的加工程序。 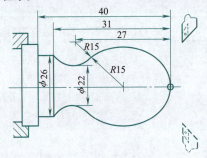	N1 T0101;（换一号刀，确定其坐标系） N2 M03 S400;（主轴以 400 r/min 正转） N3 G00 X40 Z5;（到程序起点位置） N4 G00 X0;（刀具移到工件中心） N5 G01 G42 Z0 F0.2; （加入刀尖圆弧半径补偿，工进接触工件） N6 G03 U24 W -24 R15;（加工 R15 圆弧段） N7 G02 X26 Z -31 R5;（加工 R5 圆弧段） N8 G01 Z -40;（加工 $\phi 26$ 外圆） N9 G00 X30;（退出已加工表面） N10 G40 X40 Z5; 　　（取消半径补偿，返回起点） N11 M30;（主轴停、主程序结束并复位）

数控铣床	考虑刀具半径补偿,编制图示零件的加工程序,要求建立如下图所示的工件坐标系,按箭头所指示的路径进行加工,设加工开始时刀具距离工件上表面 50 mm,切削深度为 10 mm。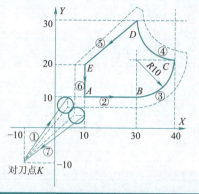	G90 G17 G80 G40;(设定初始状态) G00 X-10 Y-10 Z50; G42 G00 X4 Y10 D01;(建立右刀补) Z2 M03 S900; G01 Z-10 F800; X30; G03 X40 Y20 I0 J10; G02 X30 Y30 I0 J10; G01 X10 Y20; Y5; G00 Z50 M05;(抬刀) G40 X-10 Y-10;(取消右刀补) M02;

6.2 刀具长度补偿功能

6.2.1 刀具长度补偿功能格式

功能	通常在数控铣床(加工中心)上加工一个工件要使用多把刀具,由于每把刀具长度不同,所以每次换刀后,刀具 Z 方向移动时,需要对刀具进行长度补偿,让不同长度的刀具在编程时 Z 方向坐标统一。
格式	$\begin{Bmatrix} G17 \\ G18 \\ G19 \end{Bmatrix} \begin{Bmatrix} G43 \\ G44 \\ G49 \end{Bmatrix} \begin{Bmatrix} G00 \\ G01 \end{Bmatrix} X\_Y\_Z\_H\_;$ 其中,G17、G18、G19——刀具长度补偿轴分别为 Z 轴、Y 轴、X 轴; G49——取消刀具长度补偿; G43——正向偏置(补偿轴终点加上偏置值); G44——负向偏置(补偿轴终点减去偏置值); X,Y,Z——G00/G01 的参数,即刀补建立或取消的终点; H——G43/G44 的参数,即刀具长度补偿偏置号(H00~H99),它代表了刀补表中对应的长度补偿值。
注意事项	(1)G43、G44、G49 都是模态代码,可相互注销。 (2)垂直于 G17/G18/G19 所选平面的轴受到长度补偿。 (3)偏置号改变时,新的偏置值并不加到旧偏置值上。 (4)用 H0 可替代 G49 指令作为取消刀具长度补偿。

6.2.2 应用举例

考虑刀具长度补偿,编制图示零件的加工程序,要求建立如下图所示的工件坐标系,按箭头所指示的路径进行加工。	G92 X0 Y0 Z0; G91 G00 X120 Y80 M03 S600; G43 Z-32 H01; G01 Z-21 F300;

学然后知不足。

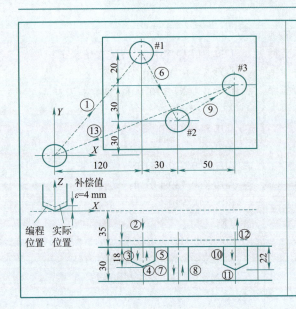

```
G04 P2;
G00 Z21;
X30 Y-50;
G01 Z-41;
G00 Z41;
X50 Y30;
G01 Z-25;
G04 P2;
G00 G49 Z57;
X-200 Y-60 M05 M30;
```

7.1 孔加工循环指令概述

采用孔加工固定循环功能，只用一个指令，便可完成某种孔加工(如钻、攻、镗)的整个过程。

孔加工循环指令加工过程

孔加工循环指令为模态指令，一旦某个孔加工循环指令有效，在接着所有的位置均采用该孔加工循环指令进行孔加工，直到用 G80 取消孔加工循环为止。在孔加工循环指令有效时，XY 平面内的运动方式为快速运动。

G98 和 G99 两个模态指令控制孔加工循环结束后刀具是返回初始平面还是参考平面；G98 返回初始平面，为缺省方式；G99 返回参考平面。

孔加工循环一般由以下 6 个动作组成：
(1) 刀具快速定位到孔加工循环起始点。
(2) 刀具沿 Z 方向快速运动到参考平面 R。
(3) 孔加工过程(如钻孔、镗孔、攻螺纹等)。
(4) 孔底动作(如进给暂停、主轴停止、主轴准停、刀具偏移等)。
(5) 刀具快速退回到参考平面 R。
(6) 刀具快速退回到初始平面。

孔加工循环指令列表

	G 代码	加工运动（Z 轴运动）	孔底动作	返回运动（Z 轴运动）	应用
钻孔指令	G81	切削进给	—	快速移动	普通钻孔循环
	G82	切削进给	暂停	快速移动	钻孔、锪镗循环
	G83	间歇切削进给	—	快速移动	深孔钻削循环
	G73	间歇切削进给	—	快速移动	高速深孔钻削循环
攻螺纹指令	G84	切削进给	暂停，主轴反转	切削进给	攻右旋螺纹循环
	G74	切削进给	暂停，主轴正转	切削进给	攻左旋螺纹循环
镗孔指令	G76	切削进给	主轴定向，让刀	快速移动	精镗循环
	G85	切削进给		切削进给	铰孔、粗镗循环
	G86	切削进给	主轴停	快速移动	镗削循环
	G87	切削进给	主轴正转	快速移动	反镗削循环
	G88	切削进给	暂停，主轴停	手动功快速	镗削循环
	G89	切削进给	暂停	切削进给	铰孔、粗镗循环
G80		—	—	—	取消固定循环

7.2 钻孔循环指令 G81

7.2.1 钻孔循环指令 G81 格式

数控铣床

格式：
G81 X_Y_Z_R_F_；
其中，X_Y_——孔位数据；
Z_——孔底的距离；
R_——从初始位置到 R 点的距离；
F_——切削进给速度。

有志者事竟成。

功能	该指令一般用于加工孔深小于 5 倍直径的一般孔。
注意事项	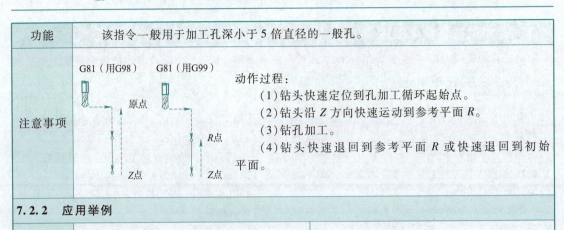动作过程： （1）钻头快速定位到孔加工循环起始点。 （2）钻头沿 Z 方向快速运动到参考平面 R。 （3）钻孔加工。 （4）钻头快速退回到参考平面 R 或快速退回到初始平面。

7.2.2 应用举例

数控铣床	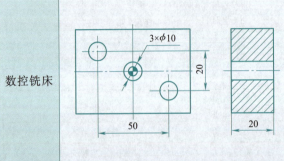 G81 X25 Y−10 Z−25 R3 Q5 F60； 钻头快速定位至工件上表面 3 mm 处，以 F60 工进速度加工（25，−10）处孔，每次切削深度 5 mm。

7.3 带停顿的钻孔循环指令 G82

7.3.1 带停顿的钻孔循环指令 G82 格式

数控铣床	
格式	G82 X_Y_Z_R_P_F_； 其中，X_ Y_ ——孔位数据； Z_——孔底的距离； R_——从初始位置到 R 点的距离； P_——在孔底的暂停时间（单位：毫秒）； F_——切削进给速度。
功能	该指令在孔底加工时进给有暂停动作，即当钻头加工到孔底位置时，刀具不作进给运动，并保持旋转状态，使孔底更光滑。G82 一般用于扩孔和沉头孔加工。
注意事项	动作过程： （1）钻头快速定位到孔加工循环起始点。 （2）钻头沿 Z 方向快速运动到参考平面 R。 （3）钻孔加工。 （4）钻头在孔底暂停进给。 （5）钻头快速退回到参考平面 R 或初始平面。

7.3.2 应用举例

数控铣床	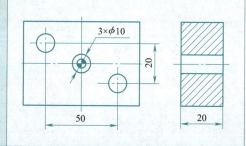	G82 X25 Y-10 Z-25 R3 P1 Q5 F60； 钻头快速定位至工件上表面 3 mm 处，以 F60 工进速度加工(25，-10)处孔，暂停 1 ms，每次切削深度 5 mm。

7.4 高速深孔加工循环指令 G73

7.4.1 高速深孔加工循环 G73 格式

数控铣床

格式	G73 X_Y_Z_R_Q_P_F_K_； 其中，X_ Y_——孔位数据； Z_——孔底的距离； R_——从初始位置到 R 点的距离； Q_——每次切削进给的切削深度； P_——暂停时间； F_——切削进给速度； K_ 重复次数。
功能	对于孔深大于 5 倍直径孔的加工，由于是深孔加工，不利于排屑，故采用间段进给（分多次进给），每次进给深度为 q，最后一次进给深度≤q，退刀量为 d（由系统内部设定），直到孔底为止。
注意事项	动作过程： (1) 钻头快速定位到孔加工循环起始点 B(X,Y)。 (2) 钻头沿 Z 方向快速运动到参考平面 R。 (2) 钻孔加工，进给深度为 q。 (3) 退刀，退刀量为 d。 (4) 重复(3)、(4)，直至要求的加工深度。 (5) 钻头快速退回到参考平面 R 或初始平面 B。

7.4.2 应用举例

数控铣床	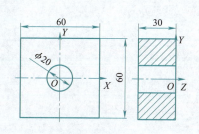	N10 G54 G80 G90 G0 X0 Y0； N20 M06 T1； N30 M03 S1000； N40 G43 Z50 H1； N50 G98 G73 Z-38 R1 Q2 F200； N60 G80 G0 Z50； N70 M30；

7.5 深孔往复排屑钻孔循环指令 G83

7.5.1 深孔往复排屑钻孔循环指令 G83 格式

数控铣床	
格式	G83 X_Y_Z_R_Q_F_K_； 其中，X_Y_——孔位数据； Z_——孔底深度(绝对坐标)； R_——每次下刀点或抬刀点(绝对坐标)； Q_——每次切削进给的切削深度； F_——切削进给速度； K_——重复次数。
功能	该循环用于深孔加工，与 G73 略有不同的是每次刀具间歇进给后，快速退回到 R 点平面，有利于深孔加工中的排屑。Z、K、Q 移动量为零时该指令不执行。
注意事项	动作过程： (1)钻头快速定位到孔加工循环起始点 B(X,Y)。 (2)钻头沿 Z 方向快速运动到参考平面 R。 (3)钻孔加工，进给深度为 q。 (4)退刀，退刀量为 d。 (5)重复(3)、(4)，直至要求的加工深度。 (6)钻头快速退回到参考平面 R 或初始平面 B。

7.5.2 应用举例

数控铣床	
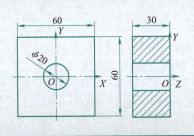	N10 G54 G80 G90 G0 X0 Y0； N20 M06 T1； N30 M03 S1000； N40 G43 Z50 H1； N50 G98 G83 Z-38 R1 Q2 F200； N60 G80 G0 Z50； N70 M30；

7.6 精镗孔循环指令 G76

7.6.1 精镗孔循环指令 G76 格式

数控铣床	
格式	G76 X_Y_Z_R_Q_P_F_K_； 其中，X_Y_——孔位数据； Z_——孔底的距离； R_——从初始位置到 R 点的距离； Q_——每次切削进给的切削深度； P_——暂停时间； F_——切削进给速度； K_——重复次数。

功能	孔加工动作如下图所示，Q 表示刀具的移动量，移动方向由参数设定。在孔底，主轴在定向位置停止，切削刀具离开工件的被加工表面并返回，这样可以高精度、高效率地完成孔加工而不损伤工件表面。
注意事项	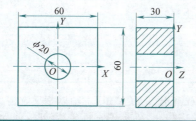 动作过程： (1) 镗刀快速定位到镗孔加工循环起始点 B(X,Y)。 (2) 镗刀沿 Z 方向快速运动到参考平面 R。 (3) 镗孔加工。 (4) 进给暂停、主轴准停、刀具沿刀尖的反向偏移。 (5) 镗刀快速退出到参考平面 R 或初始平面 B。

7.6.2 应用举例

数控铣床	N10 G54 G80 G90 G0 X0 Y0； N20 M06 T1 N30 M03 S1000； N40 G43 Z50 H1； N50 G98 G76 Z−34 R1 Q2 F200； N60 G80 G0 Z50； N70 M30；

7.7 攻左螺纹循环指令 G74

7.7.1 攻左螺纹循环指令 G74 格式

	数控铣床
格式	G74 X_Y_Z_R_P_F_K_； 其中，X_ Y_ ——孔位数据； Z_——孔底深度（绝对坐标）； R_——每次下刀点或抬刀点（绝对坐标）； P_——暂停时间； F_——切削进给速度； K_——重复次数。
功能	与 G84 的区别是：进给时主轴反转，退出时主轴正转。
注意事项	动作过程： (1) 主轴正转，丝锥快速定位到螺纹加工循环起始点 B(X,Y)。 (2) 丝锥沿 Z 方向快速运动到参考平面 R。 (3) 攻丝加工。 (4) 主轴反转，丝锥以进给速度反转退回到参考平面 R。 (5) 当使用 G98 指令时，丝锥快速退回到初始平面 B。

7.7.2 应用举例

数控铣床	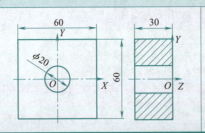	G92 X0 Y0 Z60； G90 G00 F200 M03 S600； G98 G74 X100 R10 P10 G91 Z-20； G00 X0 Y0； M30；

7.8 攻右螺纹循环指令 G84

7.8.1 攻右螺纹循环指令 G84 格式

<table>
<tr><td colspan="2" align="center">数控铣床</td></tr>
<tr><td>格式</td><td>G84 X_Y_Z_R_P_F_K_；
其中，X_ Y_——孔位数据；
Z_——孔底深度(绝对坐标)；
R_——每次下刀点或抬刀点(绝对坐标)；
P_——暂停时间；
F_——切削进给速度；
K_——重复次数。</td></tr>
<tr><td>功能</td><td>主轴顺时针旋转执行攻丝,当到达孔底时,为了回退,主轴以相反方向旋转,这个过程生成螺纹。在攻丝期间进给倍率被忽略,进给暂停不停止机床,直到返回动作完成。在指定 G84 之前,用辅助功能使主轴旋转。
攻螺纹过程要求主轴转速 S 与进给速度 F 成严格的比例关系,因此,编程时要求根据主轴转速计算进给速度,进给速度 F = 主轴转速×螺纹螺距。
与钻孔加工不同的是攻螺纹结束后的返回过程不是快速运动,而是以进给速度反转退出。</td></tr>
<tr><td>注意事项</td><td>动作过程：
(1)主轴正转,丝锥快速定位到螺纹加工循环起始点 B(X,Y)。
(2)丝锥沿 z 方向快速运动到参考平面 R。
(3)攻丝加工。
(4)主轴反转,丝锥以进给速度反转退回到参考平面 R。
(5)当使用 G98 指令时,丝锥快速退回到初始平面 B。</td></tr>
</table>

7.8.2 应用举例

数控铣床	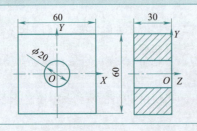	G92 X0 Y0 Z60； G90 G00 F200 M03 S600； G98 G84 X100 R10 P10 G91 Z-20； G00 X0 Y0； M30；

7.9 取消孔加工循环指令 G80

取消孔加工循环指令 G80 格式

	数控铣床
格式	G80；
功能	这个命令取消固定循环方式,机床回到执行正常操作状态。
注意事项	G80 指令被执行以后,固定循环(G73、G74、G76、G81～G89)被该指令取消,R 点和 Z 点的参数以及除 F 外的所有孔加工参数均被取消。

8.1 子程序 M98/M99

8.1.1 子程序指令格式

	数控铣床
格式	主程序调用子程序 M98：M98 P××××××××； 其中地址 P 后面所跟的数字中，后面的四位用于指定被调用的子程序的程序号，前面的三位用于指定调用的重复次数。 子程序结束并返回到主程序 M99：M99 O**** …… M99；
功能	当加工程序需要多次运行一段同样的轨迹时，可以将这段轨迹编成子程序存储在机床的程序存储器中，每次在程序中需要执行这段轨迹时便可以调用该子程序。
注意事项	在 M99 返回主程序指令中，可以用地址 P 指定一个顺序号，当这样的一个 M99 指令在子程序中被执行时，返回主程序后并不是执行紧接着调用子程序的程序段后的那个程序段，而是转向执行具有地址 P 指定的顺序号的那个程序段。例如： 主程序　　　　　　　　　　子程序 N10……；　　　　　　　　O1010； N20……；　　　　　　　　N1020……； N30 M98 P1010；　　　　　N1030……； N40……；　　　　　　　　N1040……； N50……；　　　　　　　　N1050……； N60……；　　　　　　　　N1060……； N70……；　　　　　　　　N1070 M99 P60；

8.1.2 应用举例

	程序	
如下图所示，在一块平板上加工 6 个边长为 10 mm 的等边三角形，每边的槽深为 -2 mm，工件上表面为 Z 向零点。设置 G54：X = -400，Y = -100，Z = -50。 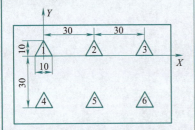	O0010 N10 G54 G90 G01 Z40 F200； N20 M03 S800； N30 G00 Z3； N40 G01 X0 Y8.66； N50 M98 P0020； N60 G90 G01 X60 Y8.66； N70 M98 P0020； N80 G90 G01 X60 Y8.66； N90 M98 P0020； N100 G90 G01 X0 Y-21.34； N110 M98 P0020； N120 G90 G01 X30 Y-21.34； N130 M98 P0020； N140 G90 G01 X60 Y-21.34； N150 M98 P0020； N160 G90 G01 Z40 F200； N170 M05； N180 M30；	O0020 N10 G91 G01 Z-2 F100； N20 G01 X-5 Y-8.66； N30 G01 X10 Y0； N40 G01 X5 Y8.66； N50 G01 Z5 F100； N60 M99；

8.2 宏程序

宏程序:用变量的方式进行数控编程。

宏程序功能:可以使用变量,并给变量赋值,变量之间可以运算,程序可以跳转

8.2.1 宏程序格式

	数控铣床	
格式	1. GOTO 语句(无条件转移)	
功能	在程序中使用 GOTO 和 IF 可以改变程序执行顺序。	
格式	2. IF 语句(条件表达式)	
功能	如果指定的表达式满足,则转移到标有顺序号 n 的程序段,如果不满足指定的条件表达式,则顺序执行下一个程序段。	
格式	3. WHILE 语句(循环)	
功能	在 WHILE 后指定一个条件表达式,当指定条件满足时,则执行从 DO 到 END 之间的程序,否则,转到 END 后的程序段。	
注意事项	在宏程序中存储数据,在程序中对其赋值。赋值是将一个数据赋予一个变量。例如,#1 = 0,表示#1 的值就是 0,其中#1 代表变量,#是变量符号,0 就是给变量#1 赋的值。变量之间可以进行加、减、乘、除等各种运算。	

8.2.2 应用举例

数控铣床	使用宏程序编写下图螺旋铣孔加工程序。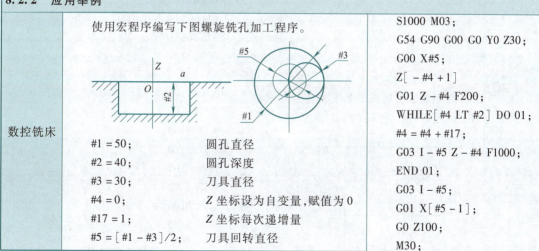 #1 = 50;　　　圆孔直径 #2 = 40;　　　圆孔深度 #3 = 30;　　　刀具直径 #4 = 0;　　　　Z 坐标设为自变量,赋值为 0 #17 = 1;　　　Z 坐标每次递增量 #5 = [#1 - #3]/2;　刀具回转直径	S1000 M03; G54 G90 G00 G0 Y0 Z30; G00 X#5; Z[- #4 + 1] G01 Z - #4 F200; WHILE[#4 LT #2] DO 01; #4 = #4 + #17; G03 I - #5 Z - #4 F1000; END 01; G03 I - #5; G01 X[#5 - 1]; G0 Z100; M30;

9.1 镜像功能 G51.1

9.1.1 镜像功能 G51.1 格式

	数控铣床
格式	G51.1 X_Y_Z_; M98 P_ G50.1 X_Y_Z_; 其中,G51.1——建立镜像; G50.1——取消镜像; X、Y、Z——镜像位置。
功能	镜像功能可让图形按指定规律产生镜像变换,可以实现子程序的复用,节省编程时间,提高工作效率。G50.1 用来取消镜像。
注意事项	(1) G51.1 X0 表示对 Y 轴镜像。 (2) G51.1 Y0 表示对 X 轴镜像。 (3) G51.1 X0 Y0 表示对原点镜像。 (4) X、Y 可以使用任何数值。

9.1.2 应用举例

数控铣床	使用镜像功能编制如下图所示轮廓的加工程序,已知刀具起点为(0,0,100)处。 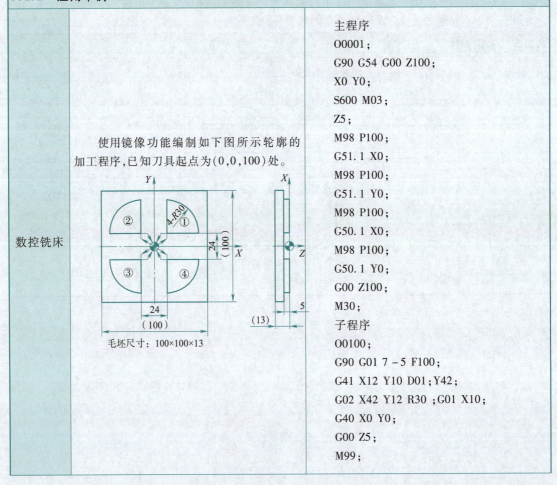毛坯尺寸:100×100×13	主程序 O0001; G90 G54 G00 Z100; X0 Y0; S600 M03; Z5; M98 P100; G51.1 X0; M98 P100; G51.1 Y0; M98 P100; G50.1 X0; M98 P100; G50.1 Y0; G00 Z100; M30; 子程序 O0100; G90 G01 Z-5 F100; G41 X12 Y10 D01;Y42; G02 X42 Y12 R30;G01 X10; G40 X0 Y0; G00 Z5; M99;

9.2 缩放功能 G51

9.2.1 缩放功能 G51 格式

数控铣床	
格式	G51 X_Y_Z_P_; G50;
功能	缩放功能可使原编程尺寸按指定比例缩小或放大,可以实现子程序的复用,节省编程时间,提高工作效率。G50 用来取消缩放。
注意事项	以给定点(X,Y,Z)为缩放中心,将图形放大到原始图形的 P 倍;如省略(X,Y,Z),则以程序原点为缩放中心。

9.2.2 应用举例

数控铣床	
使用缩放功能编制如下图所示轮廓的加工程序。 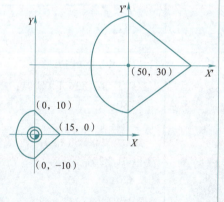	主程序 O0001; G92 X-50 Y-40; G51 K2; M98 P0100; G50; M30; 子程序 O0100; G00 G90 X0 Y-10 F100; G02 X0 Y10 I10 J10; G01 X15 Y0; G01 X0 Y-10; M99;

9.3 旋转变换 G68

9.3.1 旋转变换 G68 格式

数控铣床	
格式	G68 X_ Y_ R_ M98 PXXXXXX G69;
功能	该指令可使编程图形按照指定旋转中心及旋转方向旋转一定的角度,G68 表示开始坐标系旋转,G69 用于撤销旋转功能。
注意事项	X、Y——旋转中心的坐标值(可以是 X、Y、Z 中的任意两个,它们由当前平面选择指令 G17、G18、G19 中的一个确定)。当 X、Y 省略时,G68 指令认为当前的位置即为旋转中心。 R——旋转角度,逆时针旋转定义为正方向,顺时针旋转定义为负方向,单位是度$(0°\sim360°)$。

9.3.2 应用举例

数控铣床	使用旋转功能编制如下图所示轮廓的加工程序。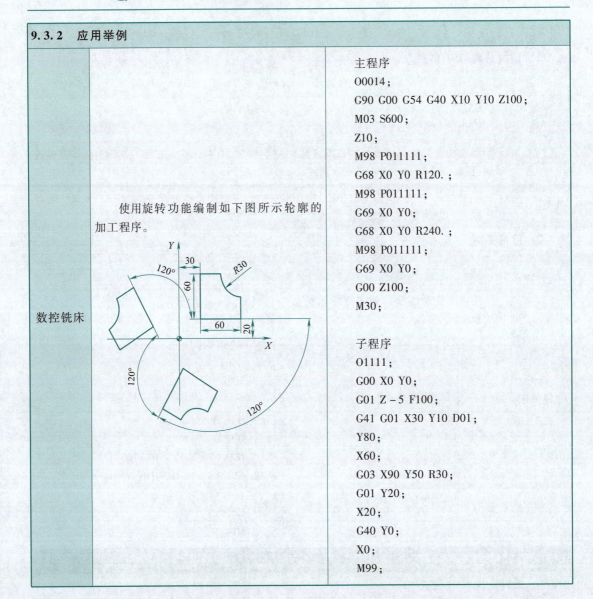	主程序 O0014； G90 G00 G54 G40 X10 Y10 Z100； M03 S600； Z10； M98 P011111； G68 X0 Y0 R120.； M98 P011111； G69 X0 Y0； G68 X0 Y0 R240.； M98 P011111； G69 X0 Y0； G00 Z100； M30； 子程序 O1111； G00 X0 Y0； G01 Z-5 F100； G41 G01 X30 Y10 D01； Y80； X60； G03 X90 Y50 R30； G01 Y20； X20； G40 Y0； X0； M99；

10.1 暂停指令 G04

10.1.1 暂停指令 G04 格式

	数控铣床
格式	G04 P_ 或 G04 X(U)_； 其中，P 后面的数字为整数，单位是 ms；X(U) 后面的数字为带小数点的数，单位为 s。
功能	程序在执行到某一段后，需要暂停一段时间，进行某些人为的调整，这时用 G04 指令使程序暂停，暂停时间一到继续执行下一段程序。 G04 指令可使刀具作短暂的无进给光整加工，以获得圆整而光滑的表面。用暂停指令使刀具作非进给光整切削，然后退刀，保证孔底平整。
注意事项	G04 为非模态指令，只在本程序段内有效。G04 的程序段里不能有其他指令。

10.1.2 应用举例

数控铣床	使用暂停功能编制如下图所示锪孔的加工程序。 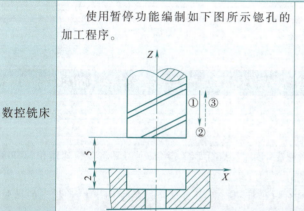	G04 X5.；　　（刀具在孔底停留 5 s）

10.2 G01 倒角与倒圆角功能

10.2.1 G01 倒角功能

格式	G01 X(U) _ Z(W) _ C_F_；
功能	直线倒角命令。
注	X(U) _ Z(W) _，需要写的是虚拟交点坐标。
应用举例	G01 X20 Z0 C6 F100； G01 X50 Z-20

10.2.2 G01 倒圆功能

格式	G01 X(U) _ Z(W) _ R_F_;
功能	直线倒圆命令。
注意事项	X(U) _ Z(W) _,需要写的是虚拟交点坐标。
应用举例	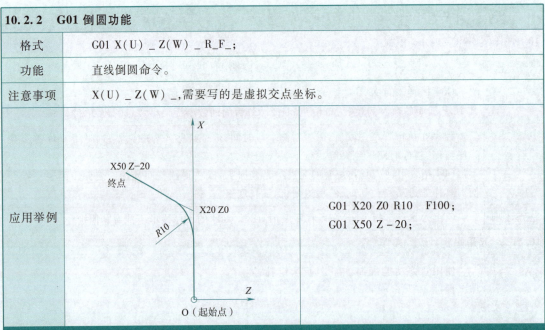 G01 X20 Z0 R10 F100; G01 X50 Z-20;

10.3 返回参考点相关指令

10.3.1 G27——返回参考点检查

格式	G27 X(U)_Z(W)_;
功能	当执行加工完成一次循环,在程序结束前,执行G27指令,则刀具将以快速定位(G00)移动方式自动返回机床参考点。
注意事项	X、Z是刀具经过中间点的绝对值坐标;U、W为刀具经过的中间点相对起点的增量坐标。

10.3.2 G28——自动返回参考点

格式	G28 X(U)_Z(W)_;
功能	G28指令的功能是使刀具从当前位置以快速定位(G00)移动方式,以过中间点回到参考点。
注意事项	X、Z是刀具经过中间点的绝对值坐标;U、W为刀具经过的中间点相对起点的增量坐标。
应用举例	刀具从当前位置经过中间点(30,15)返回参考点。 G28 X30.0 Z15.0;

10.3.3 G29——从参考点返回

格式	G29 X_Z_;
功能	刀具由机床参考点经过中间点到达目标点。其中 X、Z 后面的数值是指刀具的目标点坐标。
注意事项	这里经过的中间点就是 G28 指令所指定的中间点,故刀具可经过这一安全路径到达欲切削加工的目标点位置。所以用 G29 指令之前,必须先用 G28 指令,否则 G29 不知道中间点位置,而发生错误。

1.1 6S 现场管理法

6S 是指在生产现场中对人员、机器、材料、方法等生产要素进行有效的管理的方法。具体指整理(seiri)、整顿(seiton)、清扫(seiso)、清洁(seiketsu)、素养(shitsukf)和安全(saeety)六个项目。

6S 主要内容

整理	(1)定义:区分要与不要的物品,现场只保留必需的物品。 (2)目的:改善和增加作业面积;现场无杂物,行道通畅,提高工作效率;减少磕碰的机会,保障安全,提高质量;消除管理上的混放、混料等差错事故;减少库存量,节约资金;改变作风,提高工作情绪。
整顿	(1)定义:必需品依规定定位、规定方法摆放整齐有序,明确标示。 (2)目的:不浪费时间寻找物品,提高工作效率和产品质量,保障生产安全。 (3)整顿的"三要素":场所、方法、标识。整顿的"三定"原则:定点、定容、定量。
清扫	(1)定义:清除现场内的脏污、清除作业区域的物料垃圾,保持工作场所干净、亮丽的环境。 (2)目的:清除"脏污",保持现场干净、明亮。
清洁	(1)定义:将整理、整顿、清扫实施的做法制度化、规范化,维持其成果。 (2)目的:认真维护并坚持整理、整顿、清扫的效果,使其保持最佳状态。
素养	(1)定义:人人按章操作、依规行事,养成良好的习惯,使每个人都成为有教养的人。 (2)目的:培养有好习惯、遵守规则的员工,营造团队精神。
安全	(1)定义:重视成员安全教育,每时每刻都有安全第一观念,防患于未然。 (2)目的:建立起安全的生产或教学环境,所有工作应建立在安全的前提下。

1.2 安全生产警示标志

安全警示标志牌是由安全色、几何图形、图像符号构成的。用以表示禁止、警告、指令和提示等安全信息。用于提示、警告从业人员,提高注意力,加强自我保护,避免事故的发生。

安全色是用以表达禁止、警告、指令、指示等安全信息含义的颜色,具体规定为红、黄、蓝、绿四种颜色。

安全生产警示标志组成及含义

1. 安全生产禁止标志

红色:表示禁止、停止、防火等信号,能使人在心理上产生兴奋感和醒目感。
禁止和制止人们的不安全行为。
安全色为红色。
图形为圆形中间带斜杠。
图像符号代表不同的安全要求。

2. 安全生产警告标志

● 当心触电　　● 注意安全　　● 当心吊物

黄色:表示警告、注意,和黑色相同,组成的条纹是视认性最高的色彩。
提醒人们预防可能发生的危险。
安全色为黄色。
图形为黑色三角形。

3. 安全生产指令标志

● 必须戴防护眼镜　　● 必须戴安全帽　　● 必须戴防尘口罩

蓝色:表示指令或必须遵守的规定,和白色配合使用效果较好。
强制人们必须遵守的要求。
安全色为蓝色。
图形为圆形。
图像符号由蓝、白两色构成。

4. 安全生产提示标志

绿色:表示提示、安全状态、通行,能使人感到舒畅、平静和安全感。
向人们提供目标所在位置与方向性的信息。
安全色为绿色。
图形为正方形边框,也可以辅加方向文字,成长方形。

1.3 数控机床安全操作规程

严格遵循数控机床的安全操作规程,不仅是保障人身和设备安全的需要,也是保证数控机床能够正常工作达到技术性能、充分发挥其加工优势的需要。因此,在数控机床的使用和操作中必须严格遵循数控机床的安全操作规程。

数控机床安全操作规程	(1)开机前仔细检查电压、气压、油压是否正常。 (2)机床通电后,检查各开关、按钮、按键是否正常、灵活,机床有无异常现象。 (3)检查各坐标轴是否回参考点,限位开关是否可靠。 (4)机床开机后应空运转 5 min 以上,使机床达到热平衡状态。 (5)装夹工件时应定位可靠,夹紧牢固,所用螺钉、压板不妨碍刀具运动,零件毛坯尺寸正确无误。 (6)数控刀具选择、安装正确,夹紧牢固。 (7)程序输入后,应仔细核对,防止发生错误。 (8)机床加工前,应关好机床防护门,加工过程中不允许打开防护门。 (9)严禁用手接触刀尖、切屑和旋转的工件等。 (10)首件加工应采用单段程序切削,并随时注意调节进给倍率控制进给速度。 (11)试切削和加工过程中,刃磨刀具、更换刀具后,一定要重新对刀。 (12)发生故障时,应立即按下紧急停止按钮并向指导老师汇报。 (13)未经老师同意不得擅自启动车床,多人共用一台机床时,只能一个人操作并注意他人安全。 (14)加工结束后应立即关闭电源,收放好工、量具等,清扫机床并加防锈油。 (15)停机时应将各坐标轴停在正向极限位置。

2.1 数控机床维护与保养的目的和意义

数控机床的性能不仅仅依赖于机床本身的质量,更与操作者是否能够正确进行维护保养以及日常保养有着密切的关系。因此,数控机床的维护与保养对于操作者和维修人员都是非常重要的,有助于确保机床能够长期稳定地工作,发挥其加工优势,实现高效的生产目标。

数控机床维护与保养的目的和意义	(1)延长平均无故障时间,增加机床的开动率。 (2)便于及早发现故障隐患,避免停机损失。 (3)保持数控设备的加工精度。

2.2 数控机床日常保养

2.2.1 日检

日检就是根据机床各系统的正常情况每天进行的检测。主要项目包括液压系统、主轴润滑系统、导轨润滑系统、冷却系统、气压系统等。

导轨润滑机构	检查油标、油量,及时添加润滑油,润滑油泵是否能够定时启动和停止,定时启动时是否能够提供润滑油。
导轨	清除切屑及脏污,导轨面有无划伤损坏。
机床液压系统	检查油箱、油泵有无异常噪声,工作油面高度是否合适,压力表指示是否正常,管路及各接头有无泄漏。
主轴润滑恒温油箱	检查油量是否充足并工作正常,润滑油温是否在控制范围内。检查过滤器、箱体,必要时清洗、更换润滑油。
液压平衡系统	检查平衡压力指示是否正常,快速移动时平衡阀工作是否正常。
压缩空气气源压力	检查气动控制系统压力是否在正常范围内,必要时进行调整。
气源自动分水滤气器	气源自动分水滤气器、自动空气干燥器及时清理分水器中滤出的水分,保证自动空气干燥器工作正常。
气液转换器和增压器油面	发现油面不足时及时补足油。
CNC的输入/输出单元	检查I/O设备保持清洁,无油无尘;机械结构润滑良好。
各种电气柜散热通风装置	各电器柜冷却风扇工作是否正常,过滤器有无堵塞,及时清洗过滤器。
各种防护装置	导轨、机床防护罩等无松动、漏水。
切削液量	检查切削液量是否充足,并适时添加。

2.2.2 周检

周检就是根据有关维护文件的规定,每周对机床进行的检测。主要项目包括机床零件、主轴润滑系统,需要拆卸有关的防护罩,彻底清洁和润滑轴承、滚珠丝杠、导轨和托板等。对机床内外卫生要进行彻底清除。

空气过滤器	坚持每周清洗一次,保持无尘,通畅,发现损坏及时更换。

各电气柜过滤网	清洗粘附的尘土。
机床液压系统	每周检查液压系统压力有无变化,并按要求调整。
测量反馈元件	每周检查元件连接是否松动,是否被油液或灰尘污染。
换刀系统	清理刀库、刀架、刀具锥柄及涂防锈油。
机械结构	检查并紧固压板及镶条螺丝、滑块固定螺丝、走刀传动机构、手轮、工作台支架螺丝、叉顶丝及其他部分松动螺丝。除去各部锈蚀,停用、备用设备导轨面、滑动丝杆手轮及其他暴露在外易生锈的部位涂油防腐。

2.2.3 月检

月检主要是对电源和空气干燥器进行检查。

电源	保持无尘,通畅,发现损坏及时更换。
空气干燥器	每月拆一次,然后进行清洗、装配。
切削液箱	检查液面高度,必要时清理切削液箱底部,清洗过滤器。
液压油路	检查减压阀、溢流阀、滤油器和油箱,必要时清洗。
润滑油泵	检查液面高度,必要时清理切削液箱底部,清洗过滤器。
冷却系统	清理检查过滤器、冷却泵、储水箱,必要时清洗过滤器和水箱。

2.2.4 季检

季检的主要项目是机床床身、液压系统、主轴润滑系统等。

电控单元	检查安全联锁装置是否齐全、互锁;检查按钮、信号灯是否正常;检查各电缆走线履带是否损坏。
传动机构	检查主轴运转时轴承等处不正常声音,不正常的温升、漏油等情况并作相应处理;检查 X/Y/Z 滚珠丝杆副轴承等处的不正常声音,不正常的温升情况,并作相应处理;检查传动齿轮、皮带、链条的松紧及磨损情况,并作相应处理。
卡盘、回转油缸	拆卸并清理卡盘内的切屑,回转油缸的漏油检查、处理。
操作盘的电气装置及接线螺钉	检查电气装置是否有异味,变色,接触面是否有磨损以及接触螺钉的松紧情况,脏物检查并清理。
冷却系统	检查电柜模块(电源、伺服、驱动)的冷却风扇,清洁主轴电动机的冷却风扇,检查切削液泵、管路。
液压油路	检查液压泵、换向阀及管路,检查压力和油温。
润滑系统	检查主轴、导轨润滑油管路,检查主轴润滑油泵,B/C 轴齿轮箱内适量补油,检查导轨润滑油泵。
气动系统	检查以及清理三联件、管路,检查换向阀、消音器。
ATC 自动换刀机构	检查主轴刀具装卸是否拉得紧、松得开,检查刀卡是否完整,检查刀库、换刀臂上刀卡(套)夹紧力。

2.2.5 年检

直流伺服电动机	检查换向器表面,去除毛刺,吹净碳粉,磨损过多的碳刷及时更换。
冷却油泵过滤器	清洗冷却油池,更换过滤器。
主轴刀具夹紧装置	间隙检查、调整液压缸活塞位移量。
床身水平	用水平仪检查并调整床身的水平。
机床 NC 系统	NC 控制器外观和功能检查。I/O 印制电路背板、操作面板 MDI、系统程序、应用程序检查。检查 CNC 装置内各个印制线路板是否紧固,各个插头有无松动。检查 CNC 装置与外界之间的全部连接电缆是否按随机提供的连接手册的规定,正确而可靠地连接。检查 CNC 装置内的各种硬件设定是否符合 CNC 装置的要求。检查 CNC 装置所用电网电压是否符合要求。存储器电池失效检查,必要时更换。
ATC 换刀机构	检查刀库的回零位置是否正确,机床主轴回换刀点位置是否到位,必要时进行调整。检查各行程开关和电磁阀能否正常动作,检查刀具在机械手上锁紧是否可靠,必要时进行处理。检查气压是否符合要求。

2.2.6 数控机床不定期检的内容

冷却油箱、水箱	检查液面高度,及时添加油或水,必要时清洗油箱、水箱和过滤器。
废油池	及时清理废油避免外溢,当发现油池中突然油量增多时,应检查液压管路中漏油点。
三角皮带、皮带轮	外观检查、松紧度检查,清理皮带轮。
排屑器	清理切屑,检查有无卡堵。
主轴电动机冷却风扇	除尘,清理异物。
电源	供电网络大修,停电后检查电源的相序,电压。
各轴导轨上镶条、压紧滚轮	检查并根据机床说明书调整松紧状态。

3.1 数控机床常用量具

量具分类

分类	名称	用途	图示
万能量具	游标卡尺	游标卡尺是一种常用的量具,具有结构简单、使用方便、精度中等和测量的尺寸范围大等特点,可以用它来测量零件的外径、内径、长度、宽度、厚度、深度和孔距等,应用范围很广。	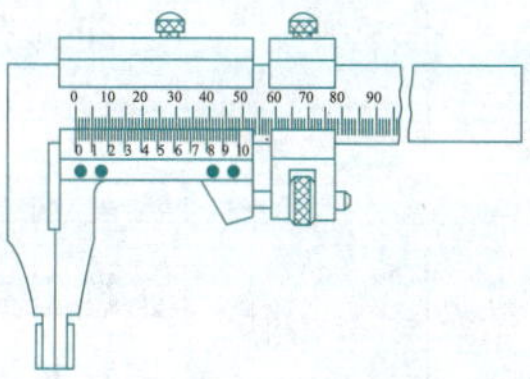
万能量具	千分尺	千分尺的种类很多,机械加工车间常用的有:外径千分尺、内径千分尺、深度千分尺以及螺纹千分尺和公法线千分尺等,并分别测量或检验零件的外径、内径、深度、厚度以及螺纹的中径和齿轮的公法线长度等。	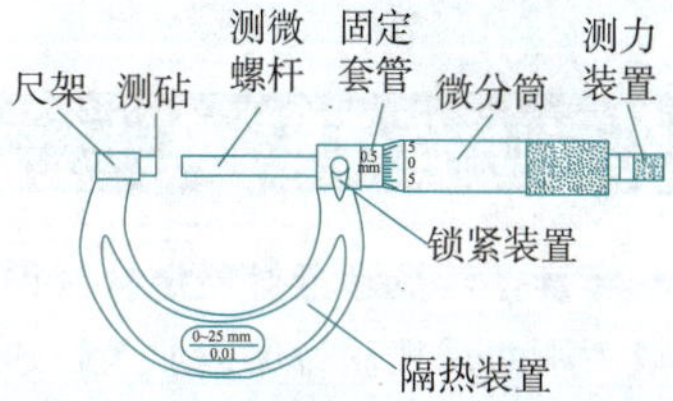
万能量具	百分表	百分表和百分表,都是用来校正零件或夹具的安装位置,检验零件的形状精度或相互位置精度的。	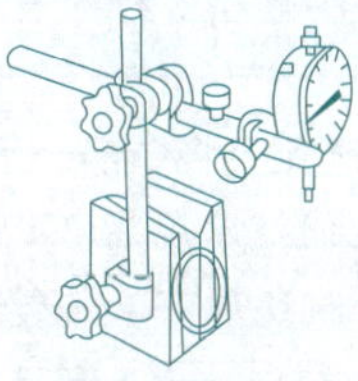
万能量具	万能角度尺	万能角度尺是用来测量精密零件内外角度或进行角度划线的角度量具。	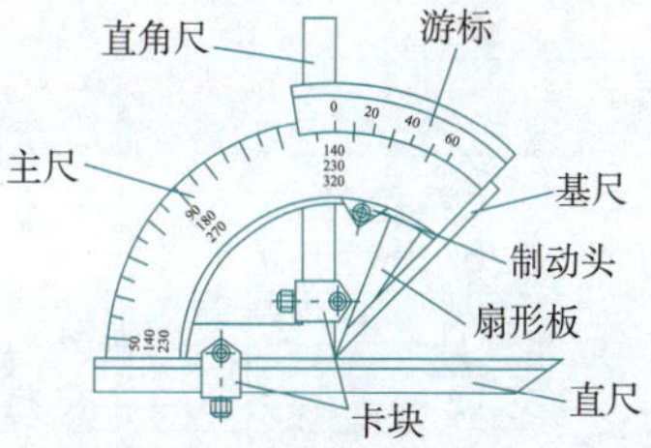
专用量具	卡规	测外圆用的是环规或卡规,按工件的上偏差确定的内径是通规,按工件的下偏差确定的内径是止规。	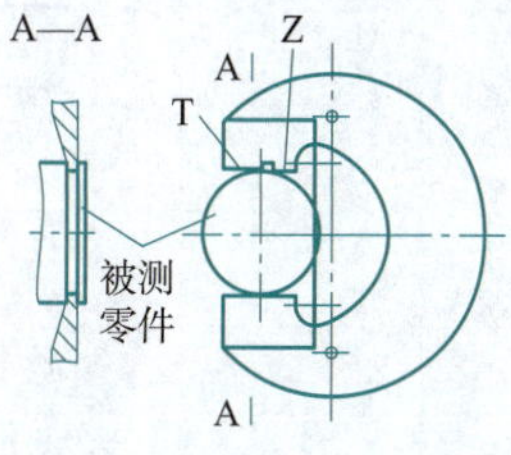
专用量具	塞规	测内孔用的是塞规,按工件的下偏差确定的外径是通规,按工件的上偏差确定的外径是止规。	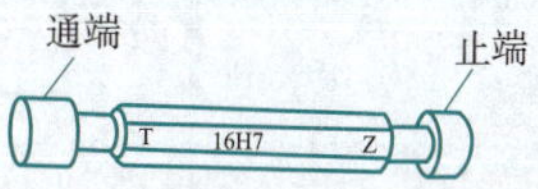

锲而不舍,金石可镂。

第四部分　数控车铣基本操作　　单元三　数控机床常用量具

标准量具	量块	量块是一种无刻度的标准端面量具。其制造材料为特殊合金钢，形状为长方体结构，六个平面中有两个相互平行的、极为光滑平整的测量面，两测量面之间具有精确的工作尺寸。	
	角度块	角度块是由两相邻工作平面的夹角来确定其角度值的高精度量具，可用于检定角度量具的示值误差，检查角度样块和零件的角度。	

3.2　刻线原理与读数

测量是对被测量对象定量认识的过程,即将被测量(未知量)与已知的标准量进行比较,以得到被测量大小的过程。为保证加工后的工件各项参数符合设计要求,在加工前后及加工过程中,必须用量具进行测量。量具的选择原则和方法,从工艺方面进行选择(工艺性),在单件、小批量生产中应选通用量具,如各种规格的游标卡尺、千分尺及百分表等。对于大批量生产的零件则应采用专用量具,如卡规、塞规和一些专用检具。依测量精度考虑(科学性),每种量具都有其测量不确定度(测量的极限误差),不可避免会将一部分量具的误差带入测量结果中去。为了避免"误收"或"误废"的发生,国家标准《产品几何技术规范(GPS)　光滑工件尺寸的检验》(GB/T 3177—2009)对部分量具的选择做了具体的规定,同时还规定了在车间条件下检测工件时应将验收极限尺寸向公差带内移。从经济价值选择(经济性),在保证测量精度和测量效率的前提下,能用专用量具的,不用万能量具;能用万能量具的,不用精密仪器。下表列示了常用量具刻线原理与读数。

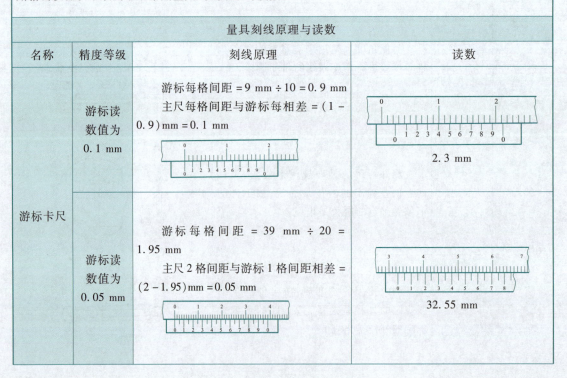

量具刻线原理与读数

名称	精度等级	刻线原理	读数
游标卡尺	游标读数值为 0.1 mm	游标每格间距 = 9 mm ÷ 10 = 0.9 mm 主尺每格间距与游标每相差 = (1 − 0.9) mm = 0.1 mm	2.3 mm
	游标读数值为 0.05 mm	游标每格间距 = 39 mm ÷ 20 = 1.95 mm 主尺 2 格间距与游标 1 格间距相差 = (2 − 1.95) mm = 0.05 mm	32.55 mm

游标卡尺	游标读数值为 0.02 mm	游标每格间距 = 49 mm ÷ 50 = 0.98 mm 主尺每格间距与游标每格间距相差 = (1 − 0.98) mm = 0.02 mm		123.22 mm
千分尺	精度等级 0.01 mm	千分尺螺杆螺距为 0.5 mm，当活动套筒转动一周时螺杆轴向移动 0.5 mm，固定套筒上（主尺）上每格刻度为 0.5 mm，活动套筒圆锥周上刻 50 格，因此，当活动套筒转一格时，螺杆就向前移动 0.5 mm ÷ 50 = 0.01 mm。		5.70 mm
万能角度尺	精度等级 2′	分度值为 2′ 的游标万能角度尺的扇形板上可有 120 格刻线，间隔为 1°，游标上刻有 30 格刻线，对应扇形板上的度数为 29°，则游标上每格刻度为 29°/30 = 58′。扇形板与每格相差度数为 1° − 58′ = 2′。		15°30′

3.3　常用量具结构

游标卡尺	0～125	1—尺身；2—上量爪；3—尺框；4—紧固螺钉； 5—深度尺；6—游标；7—下量爪	用以测量零件的外径、内径、长度、宽度、厚度、高度、深度、角度以及齿轮的齿厚等，应用范围非常广泛。
	0～200	1—尺身；2—上量爪；3—尺框；4—紧固螺钉；5—微动装置； 6—主尺；7—微动螺母；8—游标；9—下量爪	

锲而不舍，金石可镂。

第四部分 数控车铣基本操作　　单元三 数控机床常用量具

名称	规格	图示	用途
游标卡尺	0~300	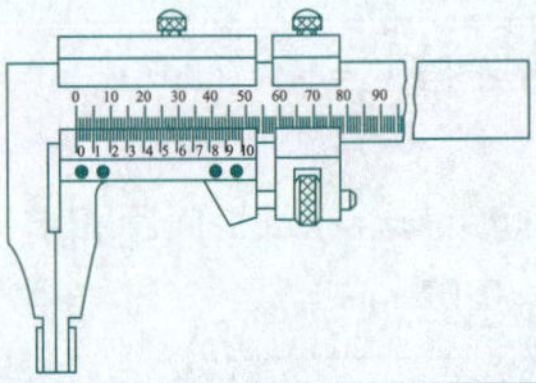	
高度游标卡尺	高度游标卡尺规格有 0~200、0~300、0~500、0~1 000 精度0.02高度尺	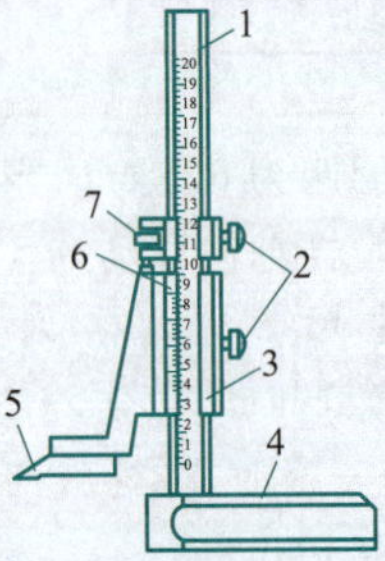 1—主尺；2—紧固螺钉；3—尺框；4—基座；5—量爪；6—游标；7—微调装置	划线、测量 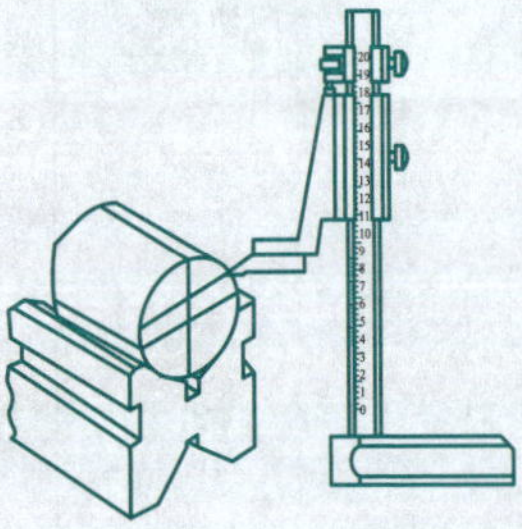
深度游标卡尺	0~100 mm、0~150 mm、0~300 mm、0~500 mm 常见精度：0.02 mm、0.01 mm（由游标上分度格数决定）	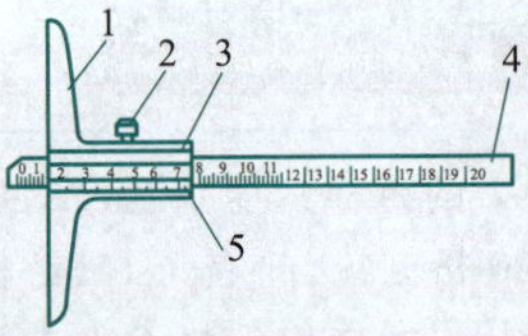 1—测量基座；2—紧固螺钉；3—尺框；4—尺身；5—游标	用于测量零件的深度尺寸或台阶高低和槽的深度。
外径千分尺	千分尺常用规格有 0~25 mm、25~50 mm、50~75 mm、75~100 mm、100~125 mm 等	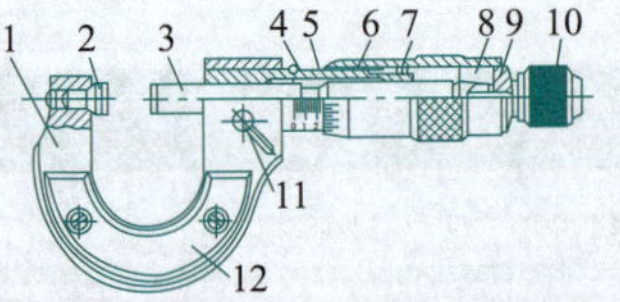 1—尺架；2—固定测砧；3—测微螺杆；4—螺纹轴套；5—固定刻度套筒；6—微分筒；7—调节螺母；8—接头；9—垫片；10—测力装置；11—锁紧螺钉；12—绝热板	可测量零件的厚度、宽度、长度、外径等。
杠杆千分尺	杠杆千分尺既可以进行相对测量，也可以像千分尺那样进行绝对测量。其分度值有0.001 mm 和 0.002 mm 两种。	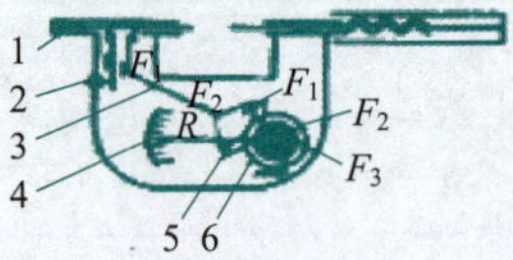 (a)(b) 1—压簧；2—拨叉；3—杠杆；4—指针；5—扇形齿轮；6—小齿轮；7—微动测杆；8—活动测杆；9—止动器；10—固定套筒；11—微分筒；12—盖板；13—表盘；14—刻线 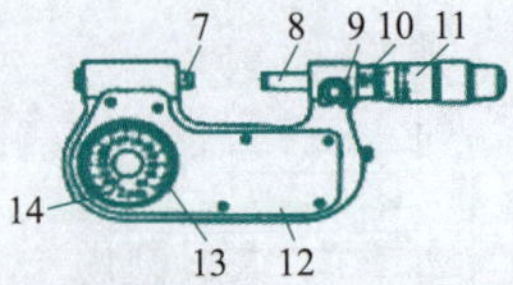	可测量零件的厚度、宽度、长度、外径等。

锲而不舍，金石可镂。

名称	规格	图示	用途
内径百分尺	测量范围(mm)：50～250、50～600、100～1 225、100～1 500、100～5 000、150～1 250、150～1 400、150～2 000、150～3 000、150～4 000、150～5 000、250～2 000、250～4 000、250～5 000、1 000～3 000、1 000～4 000、1 000～5 000、2 500～5 000。读数值(mm)：0.01。	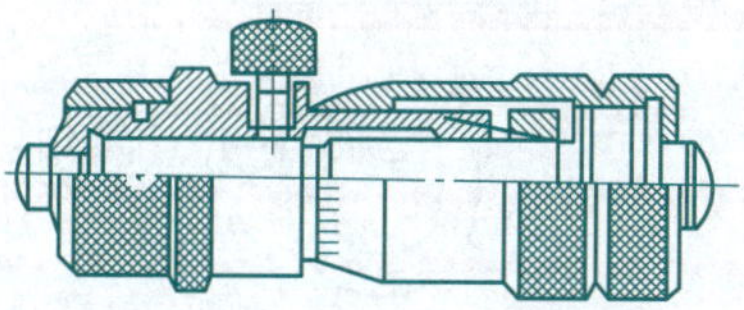 （a）内径百分尺 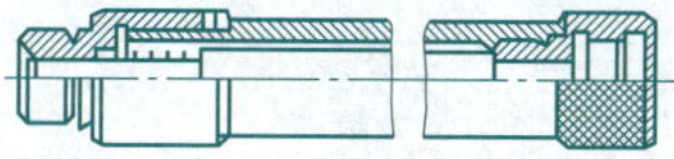 （b）接长杆	内径百分尺主要用于测量大孔径，可适应不同孔径尺寸的测量。
内测百分尺	内测百分尺的读数值为0.01 mm，测量范围有5～30 mm和25～50 mm两种。	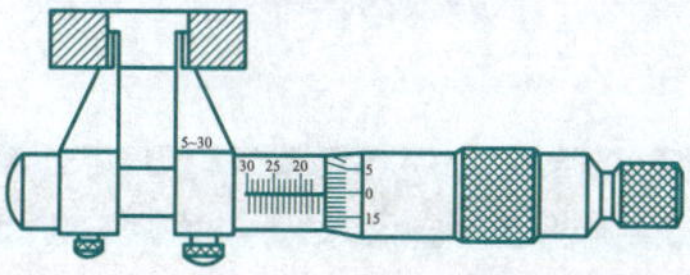	测量小尺寸内径和内侧面槽的宽度。
三爪内径千分尺	测量范围(mm)：6～8、8～10、10～12、11～14、14～17、17～20、20～25、25～30、30～35、35～40、40～50、50～60、60～70、70～80、80～90、90～100。	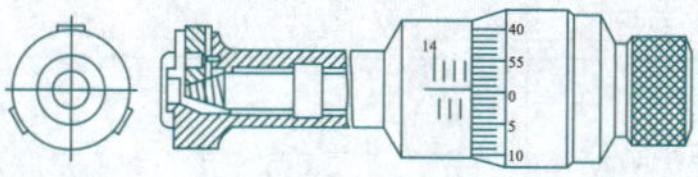	内径测量。
公法线长度千分尺	测量范围(mm)：0～25、25～50、50～75、75～100、100～125、125～150。读数值(mm)：0.01。	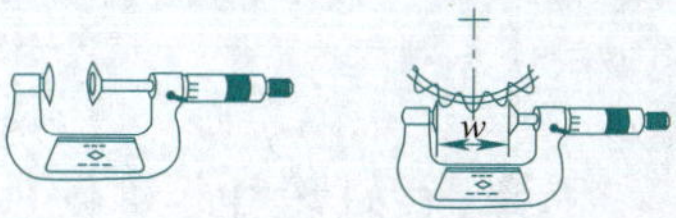	测量外啮合圆柱齿轮的两个不同齿面公法线长度。

锲而不舍，金石可镂。

第四部分　数控车铣基本操作　　单元三　数控机床常用量具

名称	规格	图示	用途
壁厚千分尺	测量范围(mm)：0~10、0~15、0~25、25~50、50~75、75~100。读数值(mm) 0.01。	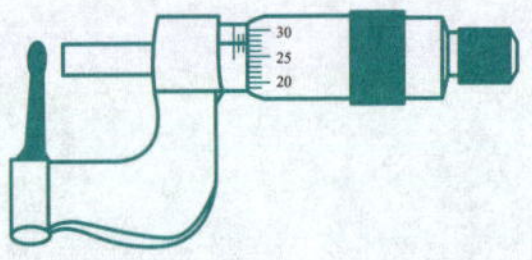	用于测量精密管形零件的壁厚。
螺纹千分尺	测量范围(mm)：0~25、2~50、50~75、75~100、100~125、125~150。	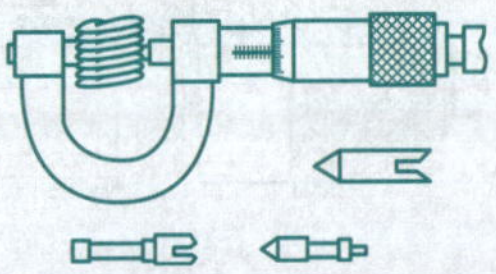	主要用于测量普通螺纹的中径。
深度百分尺	测量范围(mm)：0~25、25~100、100~150，读数值(mm)为0.01。	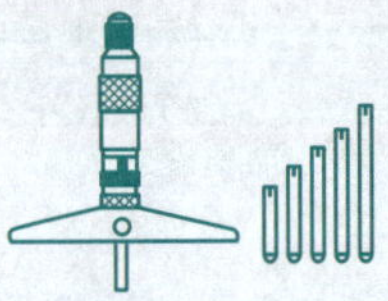	用于测量台阶深度等。
数字外径百分尺	规格有 0~25 mm、25~50 mm、50~75 mm、75~100 mm、100~125 mm	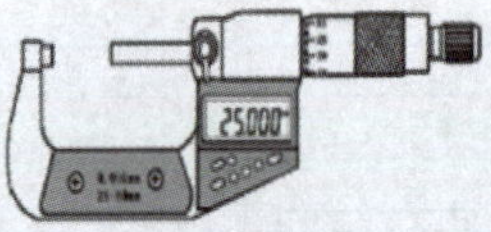	用于测量厚度、宽度、长度、外径等。

3.4　量具的使用

量具使用的是否合理，不但影响量具本身的精度，且直接影响零件尺寸的测量精度，甚至发生质量事故，造成不必要的损失。

名称	使用方法		注意事项
	正确	错误	
游标卡尺	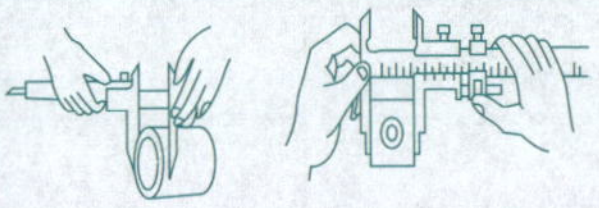	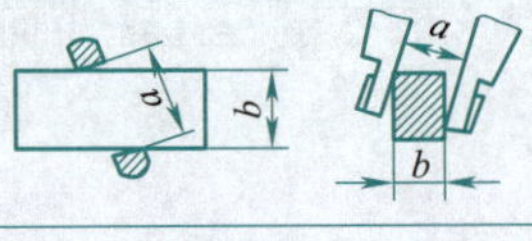	测量沟槽或内孔尺寸时，要使量爪分开的距离小于所测内尺寸，进入零件内孔后，再慢慢张开并轻轻接触零件内表面，用固定螺钉固定尺框后，轻轻取出卡尺来读数。取出量爪时，用力要均匀，并使卡尺沿着孔的中心线方向滑出，不可歪斜，免使量爪扭伤；变形和受到不必要的磨损，同时会使尺框走动，影响测量精度。

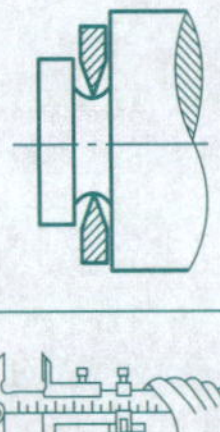

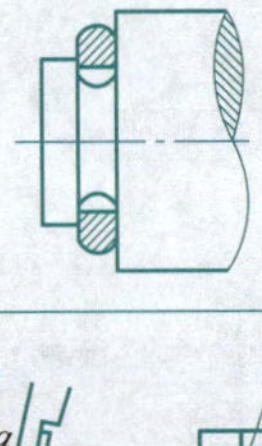

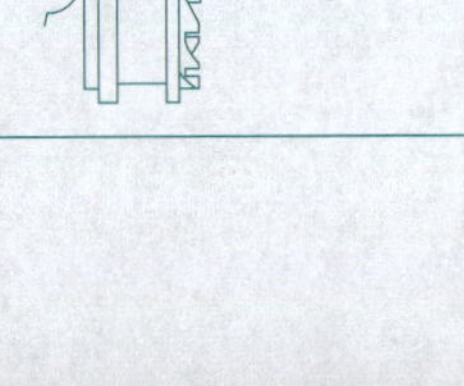

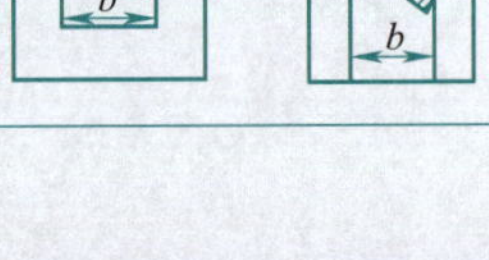

锲而不舍，金石可镂。

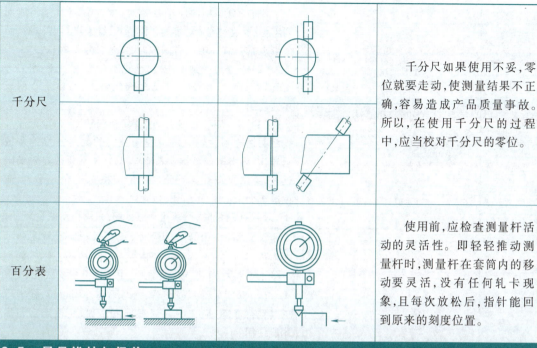

千分尺		千分尺如果使用不妥,零位就要走动,使测量结果不正确,容易造成产品质量事故。所以,在使用千分尺的过程中,应当校对千分尺的零位。
百分表		使用前,应检查测量杆活动的灵活性。即轻轻推动测量杆时,测量杆在套筒内的移动要灵活,没有任何轧卡现象,且每次放松后,指针能回到原来的刻度位置。

3.5 量具维护与保养

量具使用完成后,应及时擦净、防锈,放入专用量具盒内,对于不常用的量具,应定期清理、涂油,保存在干燥处,以免生锈。

量具的维护与保养		
名称	结构	注意事项
游标卡尺	内测量爪、尺身、紧固螺钉、游标尺、主尺、深度尺、外测量爪	(1)绝对禁止把游标卡尺的两个量爪当作扳手或划线工具使用。 (2)卡尺用前应进行校对(对零),看其是否能回到零位,并在复位(对零)的情况下,将卡尺对着光源,两个量爪是否有间隙。有间隙时,应送计量员确认。 (3)卡尺受到损伤后,绝对不允许用手锤、锉刀等工具自行修理,应交专门修理部门修理,经检定合格后才能使用。 (4)不可用砂布或普通磨料(金刚砂)来擦除刻度尺表面的锈迹和污物。 (5)不可在游标卡尺的刻线处打钢印或记号,否则将造成刻线不准确。必要时允许用电刻法或化学法刻蚀记号。 (6)卡尺不要放在磁场附近,以免卡尺感受磁性。 (7)卡尺用后应擦拭干净并平放,避免造成变形。 (8)不要将卡尺与其他工具堆放,或在工具箱中随意丢放,使用完毕时,应放置在专用盒内,防止弄脏生锈。一个星期不用时,应进行防锈处理。数显卡尺需防水。

锲而不舍,金石可镂。

千分尺	测砧、测微螺杆、尺架、止动旋钮、固定刻度、可动刻度、微调旋钮、粗调旋钮	（1）千分尺用前应进行校对（对零），看其是否能回到零位，并在复位（对零）的情况下，将卡尺对着光源，两个量爪是否有间隙。有间隙时，应送计量员确认。 （2）千分尺受到损伤后，绝对不允许用手锤、锉刀等工具自行修理，应交专门修理部门修理，经检定合格后才能使用。 （3）不可用砂布或普通磨料（金刚砂）来擦除刻度尺表面的锈迹和污物。不可在千分尺的刻线处打钢印或记号，否则将造成刻线不准确。千分尺不要放在磁场附近，以免感受磁性。千分尺用后应擦拭干净并平放，避免造成变形。 （4）在测量时，严禁扭动微分筒，只能扭动测量装置。
深度尺		（1）深度尺用前应进行校对（对零），看其是否能回到零位，并在复位（对零）的情况下，将卡尺对着光源，两个量爪是否有间隙。有间隙时，应送计量员确认。 （2）深度尺受到损伤后，绝对不允许用手锤、锉刀等工具自行修理，应交专门修理部门修理，经检定合格后才能使用。 （3）不可用砂布或普通磨料（金刚砂）来擦除刻度尺表面的锈迹和污物。 （4）不可在深度尺的刻线处打钢印或记号，否则将造成刻线不准确。必要时允许用电刻法或化学法刻蚀记号。 （5）深度尺不要放在磁场附近，以免卡尺感受磁性。 （6）深度尺用后应擦拭干净并平放，避免造成变形。 （7）不要将深度尺与其他工具堆放，或在工具箱中随意丢放，使用完毕应放置在专用盒内，防止弄脏生锈。 （8）一个星期不用时，应进行防锈处理。
高度尺		（1）高度尺用前应进行校对（对零），看其是否能回到零位。 （2）高度尺受到损伤后，绝对不允许用手锤、锉刀等工具自行修理，应交专门修理部门修理，经检定合格后才能使用。 （3）不可用砂布或普通磨料（金刚砂）来擦除刻度尺表面的锈迹和污物。 （4）不可在高度尺的刻线处打钢印或记号，否则将造成刻线不准确。必要时允许用电刻法或化学法刻蚀记号。 （5）高度尺不要放在磁场附近，以免感受磁性。 （6）高度尺每次使用后应擦拭干净并将测量爪复位，避免造成变形。 （7）不要将高度尺与其他工具堆放，或在工具箱中随意丢放。 （8）一个星期不用时，应进行防锈处理。

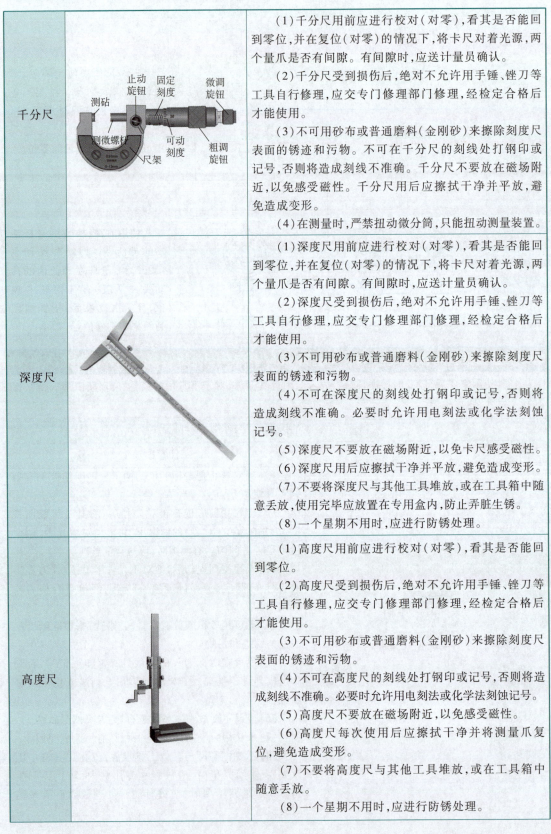

百分表	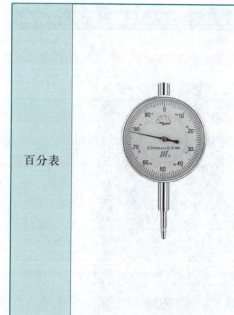	（1）百分表受到损伤后，绝对不允许用手锤、锉刀、镊子等工具自行修理，应交专门修理部门修理，经检定合格后才能使用。 （2）不可用砂布或普通磨料（金刚砂）来擦除表盘表面的锈迹和污物。 （3）不可在百分表的刻线处打钢印或记号，否则将造成刻线不准确。必要时允许用电刻法或化学法刻蚀记号。 （4）时刻保持百分表的测头干净。 （5）百分表不要放在磁场附近，以免百分表感受磁性。 （6）百分表用后应擦拭干净并进行平放，避免造成变形。 （7）不要将百分表与其他工具堆放，或在工具箱中随意丢放。 （8）一个星期不用时，应进行防锈处理。

第四部分 数控车铣基本操作
单元四 数控车床基本操作（FANUC 系统）

4.1 数控车床操作界面

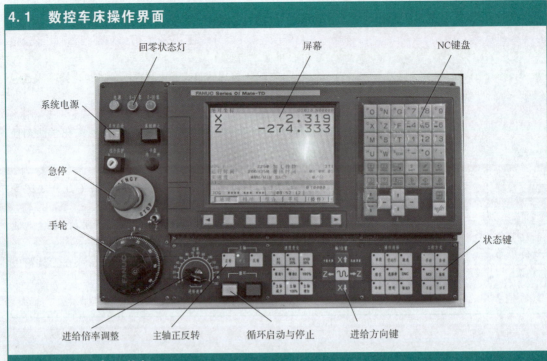

4.2 数控车床开关机

数控车床开机	(1)检查 CNC 和机床外观是否正常。 (2)接通总电源，按 POWER ON 按键，再按 NC ON 按键。 (3)检查 CRT 画面显示资料。 (4)如果 EMG 按键报警，先松开急停按键 E-STOP，再按复位键。 (5)检查风扇电动机是否旋转。
数控车床关机	(1)检查操作面板上的循环启动灯是否关闭。 (2)检查 CNC 机床的移动部件是否都已经停止。 (3)如有外部输入/输出设备接到机床上，先关外部设备的电源。 (4)按下急停按键 E-STOP，再按下 POWER OFF 按键，关闭机床电源，最后切断总电源。
注意事项	(1)检查机床的防护门、电箱门等是否关闭。 (2)检查润滑装置、上油标的液面位置。 (3)检查切削液的液面是否高于水泵吸入口。 (4)启动电源后，等待 3～5 s，系统自检。

4.3 数控车床回零

操作方法与步骤	对设有参考点的机床，开机后首先回参考点。 (1)按返回参考点方式按键。 (2)选择 G00 速度 或 。 (3)按 Z 轴正向点动（至 Z 轴参考点指示灯亮）。 (4)按 X 轴正向点动（至 X 轴参考点指示灯亮）。

注意事项	回零先选择 X 轴,然后再回 Z 轴。 若机床已在参考点位置,应将机床向 Z 轴负向点动 ←、X 轴负向点动 ↑ 离开参考点位置,然后进行返回参考点操作。
需重回参考点的情况	机床关机以后重新接通电源开关。 机床解除紧急停止状态以后。 机床超程报警信号解除之后。 空运行之后。

4.4 数控车床刀具安装

数控车刀安装要求

90°外圆车刀	(1)装夹车刀时,刀尖位置应对准工件中心(可根据零件回转轴心线或尾座顶尖高度检查)。 (2)车刀主切削刃与主轴轴线之间的夹角为 90°~93°。 (3)车刀不应伸出过长,一般为 20~30 mm(为刀体厚度的 1~1.5 倍)。 (4)两个螺钉轮流夹紧。
切槽刀	(1)装夹车刀时,刀尖位置应对准工件中心(可根据零件回转轴心线或尾座顶尖高度检查)。 (2)车刀主切削刃与主轴轴线平行。 (3)车刀不应伸出过长,一般为 20~30 mm(为刀体厚度的 1~1.5 倍)。 (4)两个螺钉轮流夹紧。
螺纹车刀	(1)装夹车刀时,刀尖位置应对准工件中心(可根据尾座顶尖高度检查)。 (2)车刀刀尖角的对称中心必须与工件轴线垂直。 (3)车刀不应伸出过长,一般为 20~30 mm(为刀体厚度的 1~1.5 倍)。 (4)两个螺钉轮流夹紧。

数控车刀安装错误示例

刀尖与工件不等高	刀尖与工件轴线同高	刀具伸出长度不宜过长(约 1.5H)
刀尖与工件轴线不等高 车刀伸出过长 垫片放置不平整	(a)刀尖过低易被压断 (b)刀尖过高不易切削	<2H

4.5 数控车床主轴赋予初始速度

数控车床开机后,需要数控车床主轴赋予初始速度,之后可在手动及手轮方式启动主轴。

勤能补拙是良训,一分辛苦一分才。

数控车床主轴赋速	(1)选择 MDI 方式。 (2)点击 program。 (3)点选 MDI。 (4)输入:M03 S600。 (5)按循环启动键,机床主轴以 600 r/min 进行正转。 (6)输入 M05,按循环启动键,主轴停止。

4.6 数控车床手动操作

手动进给操作	(1)选择手动进给方式  或 。 (2)选择 G00 速度 或 ; (3)选择坐标轴: Z 轴正向点动 ➡。 Z 轴负向点动 ⬅。 X 轴正向点动 ⬇。 X 轴负向点动 ⬆。
注意事项	当进行刀具快速定位时,选择手动快速键。 进行手动方式进给练习时,G00 速度不能选择太快,避免机床超程或发生碰撞事故。

4.7 数控车床手轮操作

手轮方式移动各轴	(1)通过 选择手动方式。 (2)相应键上指示灯亮,表明方式选通。 (3)通过 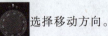 选择移动轴。 (4)通过 选择移动倍率。 (5)通过 选择移动方向。
注意事项	(1)使用时,手不要放在 OFF 开关处。 (2)顺时针为正方向,逆时针为负方向。

4.8 数控车床对刀操作

所谓对刀,其实质就是测量程序原点与机床原点之间的偏移距离并设置程序原点在以刀尖为参照的机床坐标系里的坐标。

4.8.1 数控车床对刀方法

试切对刀	对刀仪对刀	自动对刀
手工操作，使刀具切削或者接触工件表面，来确定加工坐标系。这种方法简单方便，但会在工件表面留下切削痕迹。适合精度要求不高的加工。	机外对刀仪对刀需要预先在机床外面校正好，然后把刀装在机床上即可使用；机内对刀仪对刀是将刀具直接安装在机床某一固定位置上进行测量的方法。	自动对刀装置可以自动精确地测出每把刀各个坐标方向的长度，并可以自动修正刀具误差值，整个检测及修正过程可在机床正常运行的基础上实现。这种对刀方法完全靠电子控制装置实现，排除了人为对刀的误差，因而对刀精度更高，对刀效率也更好。

4.8.2 对刀操作方法与步骤

数控车床工件坐标系原点一般设置在工件右端面与轴线交点，加工坐标系与之重合。对刀讲解以此为例。

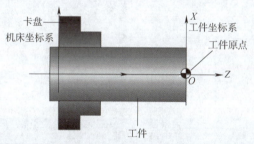

1. Z 向对刀（Z 向对刀，确定 X 轴位）

（1）以手动或者手轮方式启动主轴，刀具慢慢靠近工件。
（2）使用手轮方式，沿 $-X$ 轴方向车削端面。
（3）车至中心位置后，沿 $+X$ 方向退出。
（4）按 OFFSETTING 按键，在软键中找到刀补，选择形状，找到对应刀号的 Z 坐标位置，输入 Z0.；然后点选测量。完成 Z 向对刀。

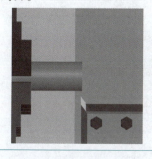

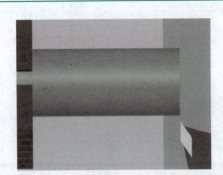 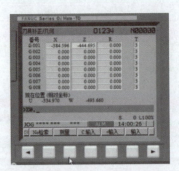

2. X 向对刀(X 向对刀,确定 Z 轴位置)

(1)以手动或者手轮方式启动主轴,刀具慢慢靠近工件。
(2)使用手轮方式,沿 −Z 轴方向车削外圆。
(3)车削一段距离,够游标卡尺测量即可。沿 +Z 方向退出。
(4)主轴停转,测量出外圆直径(假设 ϕ38.101 mm),在刀具偏置对应刀补行,输入"X38.101",按"测量"按键。
(5)按 OFFSETTING 按键,在软键中找到刀补,选择形状,找到对应刀号的 X 坐标位置,输入 X 测量数值;然后点选测量。完成 X 向对刀。

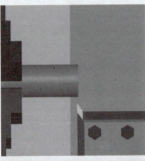 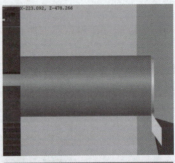

数控车床对刀操作注意事项

(1)刀具位置与程序中的刀具对应上。
(2)切削后退刀方向,切进与退出方向一致。
(3)输入数据时,确认好坐标轴。
(4)多把刀对刀时,确认刀具号,免得覆盖数据。

对刀检验	
	(1)移动刀具到安全距离。 (2)在 MDI 方式下,输入 M03 S600 ,进行机床转动启动,按循环启动键。 (3)执行完毕后输入 T0101(所要验证的刀具),按循环启动键,进行刀具选择。 (4)输入 G01 X0. Z20. F0.2(给出定点坐标),然后执行。 (5)输入 M05,按循环启动键,使主轴停下来。观察位置是否正确。

4.9 数控车床程序编辑

4.9.1 字的编辑

字的插入	(1)将光标移动到要插入位置前的一个字,如坐标 Z30.。 (2)用键输入要插入的地址字母和数字,如 F0.2。 (3)按 INSERT 键,在屏幕上 Z30. 后面就插入了 F0.2。
字的变更方法	(1)在编辑方式中,用光标检索到要变更的字。如 G00 X20. Z-40.;预将此程序段中的 G00 变更为 G01,就将光标移动到 G00。 (2)输入要变更的地址字母,如键入 G。 (3)输入数字 0 和 1,屏幕的左下角出现 G01。 (4)按 ALTER 键,则将新键入的字代替了光标所指的字 G00,该程序段就变成了 G01 X20. Z-40.。
字的删除方法	(1)在编辑方式中,用光标检索到要删除的字,将光标放在要删除的字上。 (2)按 DELETE 键,则光标所指定的字被删除。
注意事项	字母 P 输入,需要先按住 Shift 键,再按 P 所在按键即可。

4.9.2 程序的编辑

程序新建	(1)按操作键盘编辑方式 。 (2)按 PROG(程序)键,显示程序内容。 (3)输入地址 O××××,指定一个程序号(××××可为 1~9999),按 INSERT 键,然后按 EOB 键,再次按 INSERT 键。 (4)按键盘上的数字/地址键,继续输入程序内容,直至程序内容输入结束。
程序的检索	(1)选择编辑方式 。 (2)按 PROG 键,显示程序画面。 (3)按地址 O 键。 (4)键入要检索的程序号数字,如 123,则屏幕下方出现 O123。 (5)按光标向下键,进行程序检索。屏幕上显示出检索的程序,如果没有检索到该程序号,屏幕上显示"无检索数据"。

第四部分 数控车铣基本操作　　单元四 数控车床基本操作（FANUC 系统）

删除某一个程序	(1) 选择编辑方式 %。 (2) 按 PROG 程序键，显示程序画面。 (3) 按地址 O 键。 (4) 键入程序号数字键，如 345，屏幕下方出现 O345。 (5) 按 DELETE 键，存储器中对应的程序号则被删除。
删除全部程序	(1) 选择编辑方式 %。 (2) 按 PROG 程序键，显示程序画面。 (3) 按地址 O 键。 (4) 键入数字键 -9999。 (5) 按 DELETE 键，存储器中全部程序被删除。
程序编辑注意事项	字符的修改为实时保存的，修改后自动保存。 程序名字为 O 加上四位数字，尽量不要使用 O0001 这样的程序名。

4.10 数控车床程序运行

程序单段运行	(1) 选择编辑方式，然后按 PROG 键，点选 DIR，显示全部程序，输入加工需要程序名后，点击 O 检索，调出所用程序。 (2) 选择自动，进入自动加工模式。选择单段模式，单步运行程序。 (3) 按住循环启动键。 (4) 执行完成一句之后，再次按住循环启动键，依此，逐段运行程序，自动加工完成。
程序自动运行	(1) 选择编辑方式，然后按 PROG 键，点选 DIR，显示全部程序，输入加工需要程序名后，点击 O 检索，调出所用程序。 (2) 选择自动，进入自动加工模式。 (3) 按住循环启动键。 (4) 运行程序，自动加工完成。

4.11 数控车床尺寸控制

为确保零件加工尺寸，加工中可以设置磨耗或采用修改加工程序方式保证加工精度要求。

数控车床磨耗设置方法	
(1) 加工开始之前，选择刀补，磨耗，输入磨耗值[一般 X 向设置为 0.5，Z 向设置为 0.2（也可以不设置）。] (2) 运行程序完成零件加工。 (3) 这样加工后，直径值理论上比设置值大 0.5，具体数值受刀具、机床因素影响，可能会有所不同。 (4) 根据实测值与设计尺寸差值，再次设置磨耗值。 (5) 再次运行精加工程序，修正零件加工尺寸。	

数控车床尺寸控制示例
以下图为例，说明磨耗与程序控制尺寸。

(1) 加工之前,01#刀补 X 向留 0.5 余量(具体操作为:按"刀具偏置"键,按"磨耗"键,光标定位在 01#磨耗的 X 向,输入"0.5",并按"输入"键,磨耗中的值为 0.5),然后运行加工程序完成零件的粗、精车。

(2) 分别对两个外圆尺寸进行测量。

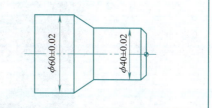

根据所测的尺寸值,对刀补或加工程序进行修正。

尺寸举例	对策	具体操作
φ40.53 φ60.53	直接修正刀补	选择 01#磨耗的 X 向,输入"-0.53","+输入"。(或输入"-0.03","输入")
φ40.53 φ60.47	修正刀补结合修改程序	选择 01#磨耗的 X 向,按"-0.53","+输入",并将程序中的"X60"改成"X60.06"。

注意事项

(1) 输入磨耗时确认刀号,与对应刀号一致进行设置。

(2) 磨耗输入有"输入"与"+输入"两种形式,计算后,选择相应的输入方式。

第四部分 数控车铣基本操作　　单元五 数控铣床基本操作（FANUC 系统）

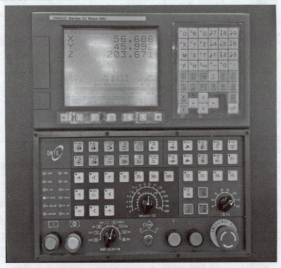

FANUC（法那克）Oi-MD 数控面板

5.1 数控铣床开关机

数控铣床开机	（1）检查 CNC 和机床外观是否正常。 （2）接通总电源，按 POWER ON 按键，再按 NC ON 按键。 （3）检查 CRT 画面显示资料。 （4）如果 EMG 按键报警，先松开急停按键 E-STOP"，再按复位键。 （5）检查风扇电动机是否旋转。
数控铣床关机	（1）检查操作面板上的循环启动灯是否关闭。 （2）检查 CNC 机床的移动部件是否都已经停止。 （3）如有外部输入/输出设备接到机床上，先关外部设备的电源。 （4）按下急停按键 E-STOP，再按下 POWER OFF 按键，关机床电源，最后切断总电源。

5.2 数控铣床回零

回零操作	（1）选择回零方式。 （2）按住 +Z，然后点击 homestart。Z 轴回零，指示灯亮起。 （3）按住 +X，然后点击 homestart。X 轴回零，指示灯亮起。 （4）按住 +Y，然后点击 homestart。Y 轴回零，指示灯亮起。
注意事项	数控铣床回零一般要求先回 Z 轴，之后再回 X、Y 轴。

5.3 数控铣床工件安装与找正

数控铣床常用夹具：机用平口钳、压板。

机用平口钳	平口钳又称机用虎钳，是一种通用夹具，常用于安装小型工件，它是铣床、钻床的随机附件，将其固定在机床工作台上，用来夹持工件进行切削加工。 用扳手转动丝杠，通过丝杠螺母带动活动钳身移动，形成对工件的夹紧与松开。

机用平口钳	 （a）螺旋夹紧式平口钳　　（b）液压式正弦规平口钳   （c）气动式精密平口钳　　（d）液压式精密平口钳
压板	压板是一种机械设备中的关键部件，用于夹紧和固定工件，在加工过程中防止其移动或变形。它通常由金属材料制成，外形呈平板或圆盘状，适用于不同的工件和加工过程。其主要作用有以下四点： （1）夹紧固定工件。 （2）防止工件错位。 （3）增加加工力度。 （4）保护设备。  压板在立式数控铣床应用
百分表找正方法	
百分表找正	（1）用手轻轻按压表针，看它在受力时往哪个方向走，这就是高出的方向。用一个划针盘把工件大概找的距离相差不到 2 cm 左右。 （2）百分表座吸在刀架座上，把百分表夹在表座上，注意不要太紧，以免夹坏表的伸缩套。只要表夹紧不动即可。移动表座，使百分表对工件有 4 mm 的压力即可。 （3）慢慢用手转动工件一圈，分别在四个方向用粉笔画上标记，高的地方画 +，低的地方画 -，最好先大致找到 180°方向，然后找到另一个 180°方向，边找正，边松车床卡盘的三爪，轻轻敲击工件，调整高低差别，慢慢逐步调整，调到比较合适的圆度。

5.4　数控铣床刀具安装

操作步骤	（1）选择手动或者手轮方式。 （2）右手按住松紧刀按钮，松开装刀夹具。 （3）左手托住刀具，键槽对齐。 （4）再次按住松紧刀按钮，刀具夹紧。
注意事项	（1）键槽对齐，托住刀具。 （2）刀具安装后，不要立即松开手，确认安装正确后，再松手。

5.5 数控铣床主轴启动

操作步骤	(1) 按下 MDI 功能按键 PROG。 (2) 在 MDI 面板上输入 M03 S600，按 EOB 按键。再按 INSERT 按键。 (3) 按下 CYCLE START 按键。机床主轴正转。 (4) 要使主轴停转，在 MDI 面板上输入 M05，或者按下 RESET 按键。
注意事项	选择 MDI 方式。

5.6 数控铣床程序编辑

1. 新建程序输入、编辑操作的界面

(1) 方式选择为编辑方式（EDIT）。
(2) 按"程序"按键。
(3) 输入地址"O"。
(4) 输入程序号。
(5) 按 INSRT 按键。

通过上述操作，存入程序号，然后输入程序中的每个字，之后按 INSRT 按键便将输入的程序存储起来。

2. 程序的检索

检索法	扫描法
(1) 选择方式（EDIT 或 AUTO 方式）。 (2) 按"程序"按键，显示程序。 (3) 输入地址"O"。 (4) 输入要检索的程序号。 (5) 按"CURSOR↓"按键。 (6) 检索结束时，在 CRT 界面显示检索出的程序并在界面的右上部显示已检索的程序号。	(1) 选择方式（EDIT 或 AUTO 方式）。 (2) 按"程序"按键，显示程序。 (3) 输入地址"O"。 (4) 按"CURSOR↓"按键。选择 EDIT 方式时，反复按"O"和"CURSOR↓"按键，可逐个显示存入的程序。当被存入的程序全部显示出来后，便返回到第一个程序。

3. 程序的删除

(1) 选择 EDIT 方式；
(2) 按"程序"按键，显示程序。
(3) 输入地址"O"。
(4) 输入程序号。
(5) 按 DELET 按键，则对应程序号的存储器中程序被删除；

4. 字的检索

(1) 按"CURSOR↓"按键，光标一个字一个字顺时针方向移动，在被选择字的地址下面显示光标。
(2) 按"CURSOR↑"按键，光标一个字一个字逆时针方向移动，在被选择字的地址下面显示光标。
(3) 按"PAGE↓"按键，画面翻页，光标移至下页开头的字。
(4) 按"PAGE↑"按键，画面翻到前一页，光标移至开头的字。

5. 字的编辑

（1）字的插入：检索或扫描到要插入的前一个字，按 INSERT 按键。

（2）字的变更：检索或扫描到要变更的字，按 ALTER 按键，则新输入的字代替了当前光标所指的字。

（3）字的删除：检索或扫描到要删除的字，按 DELETE 按键，则当前光标所指的字被删除。

6. 图形模拟显示操作

（1）选用自动方式。

（2）打开（图形）主菜单中图形界面。

（3）按机床锁住键。

（4）打开子菜单中启动。

（5）按自动循环启动。

注：在图形模拟显示操作时，为提高模拟显示速度，可在（机床）菜单中打开空运行，但结束后一定要将其关闭。

5.7 数控铣床手动操作

操作方法与步骤	（1）选择手动方式 JOG。 （2）调整进给倍率。 （3）选择进给方向相应的按键。 （4）按照所需方向选择 + 或者 − 方向；可以使用加速键选择加快移动速度。
注意事项	（1）正确选择想要移动的方向。 （2）刀具与工件距离较远时，使用加速键。

5.8 数控铣床手轮操作

操作方法与步骤	（1）选择手轮方式。 （2）选择进给系数。 （3）选择进给方向。 （4）均匀转动手柄，运动到所需要的位置。 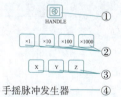
注意事项	（1）选择需要运动的轴。 （2）选择需要的倍率：刀具离工件距离远，可以使用大的倍率，刀具离工件距离近，可以使用小的倍率。

5.9 数控铣床对刀操作

1. XY 平面对刀操作步骤

试切法对刀：可以使用寻边器，也可以使用刀具。寻边器有光电寻边器、机械寻边器。

将寻边器或刀具装于主轴,输入指令使主轴旋转,转速为 200~400 r/min,不可太高。

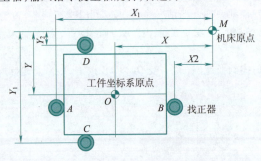

X 轴方向对刀	(1)使寻边器(或者刀具)靠近工件左侧,使用手轮调整至接触位置,此次在操作面板上选择相对坐标状态,使 X 轴坐标显示归零。 (2)抬起主轴,使寻边器靠近工件右侧,使用手轮调整至接触位置,读取屏幕上 X 对应坐标 X_0,计算 $X_0/2$。 (3)手动移动主轴到达 $X_0/2$ 处。 (4)切换到 OFFSETTING 状态,点击坐标系,找到想要设置的坐标系,可以选择 G54/G55/G56/G57 等,光标选择 X 位置,输入 0,然后点击"测量"按键,完成 X 轴对刀。
Y 轴方向对刀	(1)使寻边器(或者刀具)靠近工件左侧,使用手轮调整至接触位置,此次在操作面板上选择相对坐标状态,使 X 轴坐标显示归零。 (2)抬起主轴,使寻边器靠近工件右侧,使用手轮调整至接触位置,读取屏幕上 Y 对应坐标 Y_0,计算 $Y_0/2$。 (3)手动移动主轴到达 $Y_0/2$ 处。 (4)切换到 OFFSETTING 状态,点击坐标系,找到想要设置的坐标系,可以选择 G54/G55/G56/G57 等,光标选择 Y 位置,输入 0,然后点击"测量"按键,完成 Y 轴对刀。
2. Z 轴方向对刀	
Z 轴方向对刀	(1)刀具装于主轴上,启动机床正转。 (2)工件上表面放置一测量芯棒。 (3)手动移动刀具,慢慢接近测量芯棒。 (4)刀具刚刚接触芯棒时,停止进刀。 (5)切换到 OFFSETTING 状态,点击坐标系,找到想要设置的坐标字,可以选择 G54/G55/G56/G57 等,光标选择 Z 位置,输入 Z10。 (6)点击"测量"按键,完成 Z 轴对刀。 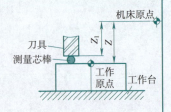 说明:加工要求不高时,可以采用试切法对刀。刀具直接接触工件上表面,见切屑后,切换到 OFFSETTING 状态,点击坐标系,找到想要设置的坐标字,可以选择 G54/G55/ G56/G57 等,光标选择 Z 位置,输入 Z0,然后点击"测量"按键,完成 X 轴对刀。

5.10 数控铣床自动加工

1. 空运行

空运行操作	机床锁住操作
(1)按 ![OFFSET SETTING] 按键(OFFSET)。 (2)按"坐标系"按键。 (3)把基础坐标系中 Z 方向值变为 +50。 (4)选择 MEM 工作模式,按下空运行开关,按下循环启动按键,观察程序及加工轨迹。 (5)空运行结束后,把空运行开关复位,基础坐标系中 Z 值恢复为 0。	按下机床操作面板上的机床锁住开关,启动程序后,刀具不再移动,但是显示器上每一轴运动的位移在变化,就像刀具在运动一样。

2. 零件运行加工

零件单段工作模式是按下数控启动按键后,刀具在执行完一段程序后停止。通过单段加工模式可以一段一段地执行程序,便于仔细检查数控程序。

单段运行	法那克系统操作步骤:按 ![图标] 单段运行开关,选择 MEM(自动加工)工作模式,调好进给倍率,打开程序,按下循环启动按键进行程序加工;每段程序运行结束后,继续按循环启动按键即可一段一段执行程序加工。
自动/连续方式	(1)检查机床是否机床回零。若未回零,先将机床回零。 (2)导入数控程序或自行编写一段程序。 (3)将操作面板中旋钮置于"自动"档。 按循环启动按键,数控程序开始运行。

5.11 数控铣床刀具补偿设置

刀具长度补偿(或长度磨损值)设置

精加工时设置刀具长度补偿值(或长度磨损值)后运行精加工程序,精加工完成后用游标卡尺测量高度尺寸,根据实际尺寸修调长度补偿值(或长度磨损值)再重新运行精加工程序以保证高度尺寸正确。

如刀具长度磨损值为 +0.30 mm,假设精加工后测得高度 $25_{0}^{+0.1}$ mm 的实际尺寸为 25.30 mm,比图纸要求尺寸还大 0.20~0.30 mm,取中间值 0.25 mm,则把刀具长度磨损值修改为 0.30 - 0.25 = 0.05 mm,然后重新运行精加工程序即可保证高度尺寸在公差范围之内。

刀具半径补偿应用

用 φ16 立铣刀精加工时机床中刀具半径补偿值先设置为 8.2 mm,运行完精加工程序后,根据轮廓实测尺寸再修改机床中刀具半径补偿值,然后重新运行精加工程序,以保证轮廓尺寸符合图纸要求。

若第一次运行精加工程序后,用游标卡尺测得轮廓 $70_{-0.1}^{0}$ mm 实际尺寸为 70.55 mm,比图纸要求尺寸还大 0.45~0.55 mm,单边大 0.225~0.275 mm(取中间值 0.25 mm),则机床中刀具半径补偿值应修改为 8.2 - 0.25 = 7.95 mm,然后重新运行精加工程序进行精加工,即可保证轮廓尺寸符合图纸尺寸要求。

第五部分　数控车铣加工零件　　单元一　传动轴数控加工

1.1　零件图识读与分析

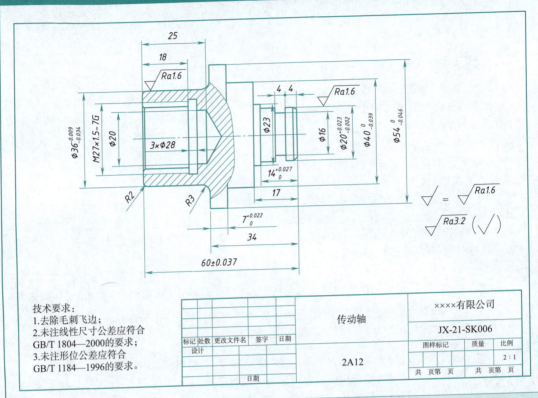

技术要求：
1. 去除毛刺飞边；
2. 未注线性尺寸公差应符合 GB/T 1804—2000 的要求；
3. 未注形位公差应符合 GB/T 1184—1996 的要求。

			××××有限公司
		传动轴	JX-21-SK006
标记 处数 更改文件名 签字 日期			图样标记　质量　比例
设计		2A12	2:1
			共 页第 页　共 页第 页
日期			

1. 传动轴零件图识读

传动轴零件表面由外圆、内孔、内螺纹、退刀槽等构成，外轮廓以直线为主，各几何元素之间关系明确，尺寸标注完整、正确。其中 $\phi 20^{+0.023}_{-0.002}$ mm 外圆与 $\phi 36^{-0.009}_{-0.034}$ mm 外圆的尺寸公差等级为 IT7，表面粗糙度值为 $Ra1.6\ \mu m$，要求较高；$\phi 54^{+0}_{-0.046}$ mm 外圆与 $\phi 40^{\ 0}_{-0.039}$ mm 外圆的尺寸公差等级为 IT8，表面粗糙度值为 $Ra3.2\ \mu m$，左端 $\phi 36^{-0.009}_{-0.034}$ mm 外圆与 $\phi 20^{+0.023}_{-0.002}$ mm 外圆（基准 A）有同轴度（$\phi 0.02$ mm）要求。零件材料为 2A12，切削加工性能较好，无热处理要求。

2. 传动轴零件图分析

项目	内容
零件名称	传动轴
零件材料	2A12
加工数量	1
重要尺寸公差	$\phi 20^{+0.023}_{-0.002}$ mm 外圆、$\phi 36^{-0.009}_{-0.034}$ mm 外圆
重要尺寸几何公差	$\phi 36^{-0.009}_{-0.034}$ mm 外圆与 $\phi 20^{+0.023}_{-0.002}$ mm 外圆同轴度公差 $\phi 0.02$ mm
重要表面粗糙度值	$\phi 20^{+0.023}_{-0.002}$ mm 外圆表面、$\phi 36^{-0.009}_{-0.034}$ mm 外圆表面
零件加工难点	$\phi 20^{+0.023}_{-0.002}$ mm 外圆、$\phi 36^{-0.009}_{-0.034}$ mm 外圆、M28×1.5-7G

不管多么险峻的高山，总是为不畏艰难的人留下一条攀登的路。

1.2 加工工艺制定

1.2.1 传动轴加工工艺工程卡

零件名称	传动轴	机械加工工艺过程卡		毛坯种类	棒料	共1页
				材料	2A12	第1页
工序号	工序名称	工序内容		设备	工艺装备	
10	备料	备料 $\phi 55$ mm × 65 mm,材料为2A12				
20	数控车削	车右端端面,粗、精车右端 $\phi 20^{+0.023}_{-0.002}$ mm、$\phi 23$ mm、$\phi 40^{0}_{-0.039}$ mm、$\phi 54^{+0}_{-0.046}$ mm外圆至图样要求并倒角		CAK6140	自定心卡盘	
30	数控车削	车左端面。保证总长(60 ± 0.037)mm,粗、精车左端 $\phi 36^{-0.009}_{-0.034}$ mm外圆、$R2$ mm圆角,钻 $\phi 20$ mm底孔,车 $\phi 29$ mm × 3 mm退刀槽,车 M28 × 1.5 - 7G		CAK6140	自定心卡盘	
40	钳工	锐化倒钝,去毛刺		钳工	台虎钳	
50	清洁	用清洁剂清洗零件				
60	检验	按图样尺寸检测				
编制		日期		审核	日期	

1.2.2 传动轴右端加工工艺

1. 右端(20工序)加工工序卡

传动轴数控加工工序卡(工序20)

工步号	工步内容	刀具规格	刀具材料	量具	背吃刀量/mm	进给速度/(mm/min)	主轴转速/(r/min)
1	将工件用自定心卡盘夹紧,伸出长度为45 mm						
2	车右端面	95°外圆车刀	硬质合金	游标卡尺	0.5	80	800
3	粗车右端 $\phi 20^{+0.023}_{-0.002}$ mm、$\phi 23$ mm、$\phi 40^{0}_{-0.039}$ mm、$\phi 54^{+0}_{-0.046}$ mm外圆并倒角,留0.5 mm加工余量	95°外圆车刀	硬质合金	外径千分尺	1.5	120	600
4	粗车右端 $\phi 20^{+0.023}_{-0.002}$ mm、$\phi 23$ mm、$\phi 40^{0}_{-0.039}$ mm、$\phi 54^{+0}_{-0.046}$ mm外圆并倒角,至图样要求	95°外圆车刀	硬质合金	外径千分尺	0.5	80	800
5	粗车 $\phi 16 × 4$ 外沟槽	切槽刀(4 mm宽)	硬质合金	外径千分尺	0.5	60	600
6	精车 $\phi 16 × 4$ 外沟槽	切槽刀(4 mm宽)	硬质合金	外径千分尺	0.2	60	600
7	锐边倒钝,去毛刺						
编制		日期		审核		日期	

视频
传动轴加工基础

2. 相关说明

(1) 装夹与原点说明

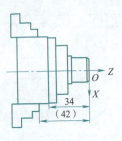

① 夹具选择：选择自定心三角卡盘。
② 确定装夹位置：伸出长度为 45 mm 左右，考虑到安全性，比加工长度 34 mm 长出 5～10 mm。装夹。
③ 确定编程原点：右图 OXZ 坐标系为工件坐标系，O 点为工件坐标系原点。

(2) 粗精加工外轮廓：外轮廓形状。

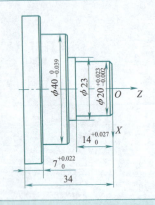

(3) 粗精加工外沟槽：外沟槽形状。

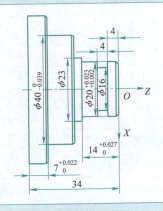

1.2.3 传动轴左端加工工艺

1. 左端(30 工序)加工工序卡

传动轴数控加工工序卡（工序 30）

工步号	工步内容	刀具规格	刀具材料	量具	背吃刀量 /mm	进给速度 /(mm/min)	主轴转速 /(r/min)
1	调头装夹工件，夹紧 $\phi 40_{-0.039}^{0}$ mm 外圆						
2	用百分表校 $\phi 54$ mm 外圆圆跳动，使其小于 0.02 mm						
3	粗精车左端端面，保证总长 (60 ± 0.037) mm	95°外圆车刀	硬质合金	游标卡尺	0.5	80	800
4	手动钻 $\phi 20$ mm 底孔	$\phi 20$ mm 麻花钻	高速钢	游标卡尺	10	40	300
5	粗车左端 $\phi 36_{-0.034}^{-0.009}$ mm 外圆、$R3$ mm 圆角，留 0.5 mm 余量	95°外圆车刀	硬质合金	外径千分尺	1.5	100	600
6	精车左端 $\phi 36_{-0.034}^{-0.009}$ mm 外圆、$R3$ mm 圆角至图样尺寸	95°外圆车刀	硬质合金	外径千分尺	0.5	80	800
7	粗精车 $M28 \times 1.5$ 内螺纹底孔	内孔镗刀	硬质合金	游标卡尺	0.5	80	800
8	车 $\phi 29$ mm $\times 3$ mm 退刀槽	内槽车刀	硬质合金		4	40	400

续表

工步号	工步内容	刀具规格	刀具材料	量具	背吃刀量 /mm	进给速度 /(mm/min)	主轴转速 /(r/min)
9	车 M28×1.5 内螺纹至图样尺寸	内螺纹车刀	硬质合金	M28×1.5 螺纹塞规			
10	锐边倒钝,去毛刺						
编制		日期		审核		日期	

2. 相关说明

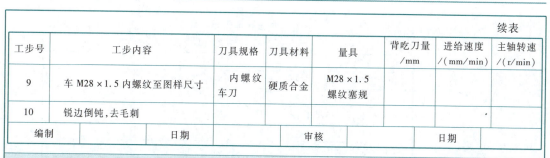

（1）装夹位置　（2）内孔加工

① 确定装夹位置:右端已加工完毕,利用 $\phi40$ 圆柱进行长度定位。

② 车端面,保证总长 $(60±0.037)$ mm。

③ 钻内孔:先钻中心孔,后进行钻孔。选用 $\phi20$ 钻头,主轴转速 S400。

④ 镗内孔:选用内孔车刀,加工内孔、设置坐标,加工长度尺寸为 25.8。

⑤ 加工内沟槽:$3×\phi30$ 内沟槽。

⑥ 加工内螺纹:螺纹刀,螺纹为2,分5次加工。每次进刀量分别为 0.8 mm、0.6 mm、0.6 mm、0.4 mm、0.2 mm。

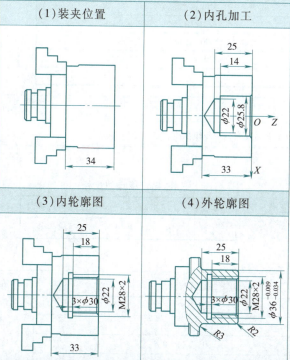

（3）内轮廓图　（4）外轮廓图

⑦ 粗加工外轮廓:外圆粗车刀进行外轮廓粗加工。$S=700$ r/min、$F=0.2$ mm。直径方向留 0.5 mm 余量,轴向不留余量。

⑧ 外圆精车刀进行外轮廓精加工。$S=1000$ r/min、$F=0.1$ mm。完成外轮廓加工。

1.3 程序编制

1.3.1 右端程序编制

1. 右端外轮廓程序编制

（1）确定编程原点　选择工件右端面与主轴轴线相交位置为编程原点。

（2）确定基点坐标

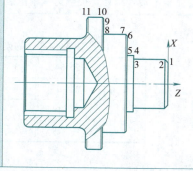

右端外轮廓基点坐标

1	(18,0)	7	(40,-18)
2	(20,-1)	8	(40,-27)
3	(20,-14)	9	(52,-27)
4	(23,-14)	10	(54,-28)
5	(23,-17)	11	(54,-34)
6	(38,-17)		

不管多么险峻的高山,总是为不畏艰难的人留下一条攀登的路。

第五部分　数控车铣加工零件　　单元一　传动轴数控加工

	外轮廓加工程序编制	
(3)参考程序编制	O0013	Z－17;
	G00 X100 Z100;	X38;
	T0101;(外圆车刀)	X40. Z－18.;
	M03 S600;	Z－27.;
	G00 X56 Z2;(循环起点)	X52.;
	G71 U2 R1;	X54. Z－28.;
	G71 P10 Q20 U0.3 W0.1 F0.3;	Z－34.;
	N10 G01 X18;	N20 X56
	N10 G01 X18;	M00;(暂停)
	Z0;	G70 P10 Q20 F0.1 S800;
	X20Z－1;	G00 X100 Z100;
	Z－14;	M05;
	X23;	M30

2. 右端切槽程序编制

(1)确定编程原点	选择工件右端面与主轴轴线相交位置为编程原点。

(2)确定基点坐标

右端切槽点的坐标			
1	(18,0)	3	(16,－8)
2	(16,－4)	4	(18,－8)

	右端切槽加工程序	
(3)参考程序编制	O0014	
	T0202;(外切槽刀)	G04 X1;
	M03 S300;	G01 X24 F0.3;
	G00 X35 Z－8;	X30 F0.3;
	G01 X22 F0.3;	G00 X100 Z100;
	X16 F0.1;	M30;

1.3.2　左端程序编制

1. 左端内孔加工程序

(1)确定编程原点	选择工件左端面与主轴轴线相交位置为编程原点。

(2)确定基点坐标

左端内孔点的坐标			
1	(20,0)	5	(28,－21)
2	(22,－1)	6	(20,－21)
3	(22,－18)	7	(20,－25)
4	(28,－18)		

第五部分 数控车铣加工零件   单元一 传动轴数控加工

	左端内孔加工程序	
（3）参考程序编制	O0021；	G00 X18 Z2；
	G00 X100 Z100；（安全位置）	G01 Z-21 F0.3；
	T0202；（内孔镗刀）	X26；
	M03 S500；	X28 F0.1；
	G00 X18 Z2；（循环起点）	G04 X1；
	G71 U1 R1；	G01 X18 F0.3；
	G71 P10 Q20 U-0.3 W0.1 F0.2；	Z2；
	N10 G01 X27.5；	G00 X100 Z100；
	Z0；	T0404；（内螺纹刀）
	X26.5 Z-1；	G00 X22 Z2；（循环起点）
	Z-21；	G92 X25.5 Z-20 F1.5；
	N20 X20；	X26.3；
	M00；（暂停）	X26.9；
	G70 P10 Q20 F0.1 S800；（精车循环）	X27.3；
	G00 X100 Z100；	X28.46；
	T0303；（内孔槽刀）	G00 X100 Z100；
	M03 S300；（切槽转速）	M30；

2. 左端外轮廓加工程序

（1）确定编程原点	选择工件左端面与主轴轴线相交位置为编程原点。

（2）确定基点坐标	左端外轮廓加工点的坐标			
	1	(32,0)	5	(52,-26)
	2	(34,-2)	6	(54,-27)
	3	(34,-23)	7	(54,-33)
	4	(42,-26)		

	左端外轮廓加工程序	
（3）参考程序编制	O0022；	G01 Z-23；
	G00 X100 Z100；	G02 X4. Z-26. R3；
	T0101；（外圆车刀）	X52.；
	M03 S400	X54. Z-27；
	G00 X58 Z2；（循环起点）	Z-33.；
	G71 U2 R1；	N20 X56；
	G71 P10 Q20 U0.3 W0.1 F0.3；	M00；
	N10 G01 X32；	G70 P10 Q20 F0.1 S800；
	Z0；	G00 X100 Z100；
	G03 X34 Z-2 R2；	M30；

不管多么险峻的高山，总是为不畏艰难的人留下一条攀登的路。

1.4 传动轴数控加工

1.4.1 传动轴数控加工过程

开机	启动电源,旋开急停按钮
回参考点	切换为 MDI 方式,输入: G28 U0; 点击循环启动,再次输入: G28 W0; 点击循环启动。
工件安装	圆棒料使用卡盘扳手安装,伸出长度 45 mm。
刀具安装	安装外圆刀、切槽刀、螺纹刀在 1 号、2 号、3 号刀位。
对刀操作	依次采用试切法进行外圆刀、切槽刀、螺纹刀三把刀具的对刀操作。对刀操作数据输入时注意调整刀号。
程序输入或导入	编辑状态,输入程序。注意检查程序内容。 使用 U 盘导入程序。注意程序存储格式。
自动加工	选好加工程序,切换为自动状态,设置磨耗后,调整相应按键,完成零件加工。 测量工件尺寸,调整磨耗,再次执行程序加工。 运行加工程序规范注意事项 (1)将快速倍率置于较低挡 50% 或 25%。 (2)将进给倍率置于较低挡 10% ~ 30%。 (3)一只手置于急停处。 (4)另一只手按启动。 (5)当刀具靠近工件时,将快速倍率 F0 挡。 (6)当刀具即将切入零件时,按暂停,检查位置坐标。 (7)若正常,按启动,再观察切入轨迹是否正确。 (8)若轨迹正确,将进给倍率提升到 80% ~ 100%。 (9)当加工即将结束退刀时,提高快速倍率至 25% 或 50%。

依据上面加工过程,完成传动轴右端加工后,加工左端。左端需要钻孔加工后,再进行其他操作。

1.4.2 传动轴数控加工注意事项

1. 数控加工安全操作要求

(1)必须穿工作服、戴工作帽进入数控车间实训,操作时不允许戴手套。
(2)严格遵守安全操作规程,确保人身和设备安全。
(3)不擅自离岗和串岗。
(4)操作时不得擅自调换工量具,不得随意修改机床系统参数和拆卸设备器材。
(5)要爱护设备及工量具,做到分类合理、摆放整齐、归还及时,并能定期进行维护保养。

2. 磨耗计算方法

磨耗值 = 理论值(直径) - 实测值(直径)

(1) 设置磨耗，X 向 0.3~0.5 mm。
(2) 按 PROG 按键，选择加工使用的程序。
(3) 选择自动状态，开启单段。
(4) 依次按循环启动键，程序走到定位点且位置正确后，可取消单段。
(5) 自动运行程序，加工完成。
(6) 测量工件尺寸，计算与图纸要求的尺寸差，修改磨耗后，再次运行程序。

2.1 零件图识读与分析

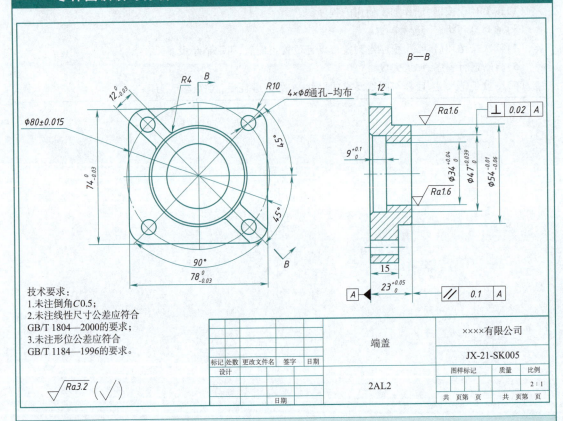

技术要求：
1. 未注倒角C0.5；
2. 未注线性尺寸公差应符合 GB/T 1804—2000的要求；
3. 未注形位公差应符合 GB/T 1184—1996的要求。

					端盖	××××有限公司
标记	处数	更改文件名	签字	日期		JX-21-SK005
设计						图样标记　质量　比例
				日期	2AL2	2:1
						共　页第　页　共　页第　页

1. 零件图识读

端盖零件表面主要由平面、凸台、孔等构成，凸台轮廓由直线和圆弧组成，各几何元素之间关系明确，尺寸标注完整、正确。其中，$\phi 42_{-0.018}^{+0.007}$ mm 外圆与 $80_{-0.03}^{0}$ mm、$70_{-0.03}^{0}$ mm 的尺寸公差等级为IT7，表面粗糙度值为 $Ra1.6$ μm，要求较高；其中 $\phi 50_{-0.056}^{-0.010}$ mm 外圆、$\phi 32_{0}^{+0.039}$ mm 内孔的尺寸公差等级为IT8，表面粗糙度值为 $Ra3.2$ μm，要求也较高；$\phi 42_{-0.018}^{+0.007}$ mm 孔轴线对底面（基准A）有垂直度要求。零件材料2A12，切削加工性能较好，无热处理要求。

2. 端盖零件图分析

项目	内容
零件名称	端盖
零件材料	2A12
加工数量	1
重要尺寸公差	$\phi 42_{-0.018}^{+0.007}$ mm 内孔、$\phi 32_{0}^{+0.039}$ mm 内孔
重要尺寸几何公差	$\phi 42_{-0.018}^{+0.007}$ mm 与基准A的垂直度要求 0.02 mm
重要表面粗糙度值	基准面A、$\phi 42_{-0.018}^{+0.007}$ mm 内孔表面、$\phi 32_{0}^{+0.039}$ mm 内孔表面
零件加工难点	$\phi 42_{-0.018}^{+0.007}$ mm 内孔、$\phi 32_{0}^{+0.039}$ mm 内孔、$\phi 42_{-0.018}^{+0.007}$ mm 与基准A的垂直度公差 0.02 mm

2.2 端盖加工工艺

2.2.1 端盖加工工艺过程卡

零件名称	端盖	机械加工工艺过程卡		毛坯种类	方料	共1页
				材料	2A12	第1页
工序号	工序名称	工序内容			设备	工艺装备
10	备料	备料 85 mm × 75 mm × 25 mm,材料为 2A12				
20	数控铣削	粗精铣底面平面,80 mm × 70 mm × 14 mm 外形、$\phi 42_{-0.018}^{+0.007}$ mm 内孔、$\phi 32_{0}^{+0.039}$ mm 内孔,钻 2×ϕ8H7 孔至图样尺寸,攻2×M8 螺纹并倒角			VMC850	机用平口钳
30	数控铣削	粗精铣正面、$\phi 50_{-0.056}^{-0.010}$ mm 圆台、12 mm 宽斜十字至图样要求并倒角			VMC850	机用平口钳
40	钳工	锐化倒钝,去毛刺			钳工	虎钳
50	清洁	用清洁剂清洗零件				
60	检验	按图样尺寸检测				
编制		日期		审核		日期

2.2.2 端盖加工工序卡(工序20)

端盖数控加工工序卡(工序20)

工步号	工步内容	刀具规格	刀具材料	量具	背吃刀量/mm	进给速度/(mm/min)	主轴转速/(r/min)
1	夹紧工件,工件伸出钳口 16 mm						
2	粗铣底面平面,80 mm × 70 mm × 14 mm 凸台、$\phi 42_{-0.018}^{+0.007}$ mm 内孔、$\phi 32_{0}^{+0.039}$ mm 内孔外形,留 0.3 mm 加工余量,底面留 0.2 mm 加工余量	ϕ10 mm 立铣刀	硬质合金	游标卡尺	1	1 000	3 000
3	精铣底面平面	ϕ10 mm 立铣刀	硬质合金		0.2	500	3 500
4	精铣 $\phi 42_{-0.018}^{+0.007}$ mm 内孔底面,保证深度尺寸 $8_{0}^{+0.036}$ mm	ϕ10 mm 立铣刀	硬质合金	深度卡尺	0.2	500	3 500
5	精铣 $\phi 32_{0}^{+0.039}$ mm 内孔至图样要求	ϕ10 mm 立铣刀	硬质合金	内径千分尺	0.3	500	3 500
6	精铣 $\phi 42_{-0.018}^{+0.007}$ mm 内孔至图样要求	ϕ10 mm 立铣刀	硬质合金	内径千分尺	0.3	500	3 500
7	精铣 80 mm × 70 mm × 14 mm 凸台至图样要求	ϕ10 mm 立铣刀	硬质合金	外径千分尺	0.3	500	3 500
8	钻 2×ϕ8H7,攻 2×M8 螺纹孔	ϕ3 mm 中心钻	高速钢	游标卡尺		50	1 000

第五部分 数控车铣加工零件　　单元二 端盖数控加工

工步号	工步内容	刀具规格	刀具材料	量具	背吃刀量/mm	进给速度/(mm/min)	主轴转速/(r/min)
9	钻 $2\times\phi 8H7$ 底孔至 $\phi 7.8$ mm	$\phi 7.8$ mm 麻花钻	高速钢	游标卡尺		80	1 000
10	铰孔 $2\times\phi 8H7$	$\phi 8H7$ 中铰刀	高速钢	$\phi 8$ mm 塞规		40	300
11	钻 $2\times M8$ 孔至 $\phi 6.8$ mm	$\phi 6.8$ mm 麻花钻	高速钢	游标卡尺		80	1 000
12	攻 $2\times M8$ 螺纹孔	M8 丝锥	高速钢	M8 塞规			
编制		日期		审核		日期	

2.2.3　端盖加工工序卡（工序30）

端盖数控加工工序卡（工序30）

工步号	工步内容	刀具规格	刀具材料	量具	背吃刀量/mm	进给速度/(mm/min)	主轴转速/(r/min)
1	夹紧工件,工件伸出钳口 15 mm 左右						
2	铣顶面平面,保证高度 $23^{+0.05}_{0}$ mm	$\phi 12$ mm 立铣刀	硬质合金	游标卡尺			1 000
3	精铣 $\phi 54$ 外圆,12 mm 宽凸台,外形留 0.3 mm,底面留 0.1 mm 余量	$\phi 12$ mm 立铣刀	硬质合金		1	800	2 000
4	精铣 $\phi 54^{-0.001}_{-0.003}$ mm 外圆至图纸要求	$\phi 12$ mm 立铣刀	硬质合金	深度卡尺	0.1	750	3 000
5	精铣 $\phi 12^{0}_{-0.03}$ mm 凸台至图纸要求	$\phi 8$ mm 立铣刀	硬质合金	内径千分尺	0.3	750	3 000
6	精铣深度 12 mm、15 mm 的上平面	$\phi 8$ mm 立铣刀	硬质合金	内径千分尺	0.3	750	3 000
8	钻 $4\times\phi 8$ 中心孔	$\phi 3$ mm 中心钻	高速钢	游标卡尺		50	1 000
9	钻 $4\times\phi 8m$	$\phi 7.8$ mm 麻花钻	高速钢	游标卡尺		80	1 000
编制		日期		审核		日期	

2.2.4　数控加工程序单

数控加工程序单（端盖30程序）

数控加工程序单		产品名称		零件名称	端盖	共1页
		工序号	30	工序名称	数铣	第1页
序号	程序编号	工序内容	刀具	切削深度(相对最高点)		备注
2	o1201	铣上表面	T01	Z0		
3	o1202	粗铣外部各特征	T01	Z－10.9		

续表

序号	程序编号	工序内容	刀具	切削深度（相对最高点）	备注
4	o1203	精铣φ54 外圆	T01	Z-10.9	
5	o0804	精铣12 凸台	T02	Z-10.9	
6	o0805	精铣上表面平面	T02	Z-11	
7	o0806	点孔	T03	Z-11.3	
8	o0807	钻孔	T04	Z-24	

装夹示意图

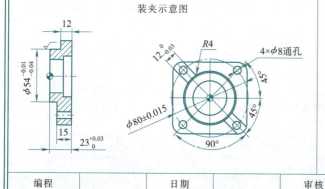

装夹说明：
夹紧工件，工件伸出钳 15 mm 左右。

编程		日期		审核		日期	

2.2.5 数控加工刀具卡

数控加工刀具卡

零件名称	端盖	数控加工刀具卡		工序号		30	
工序名称	数铣	设备名称	数控铣床	设备型号		VMC850	
工步号	刀具号	刀具名称	刀柄型号	直径/mm	刀长/mm	刀半径/mm	补偿量/mm	备注
2	T01	φ12 立铣刀	BT40	12				
3	T01	φ12 立铣刀	BT40	12				
4	T01	φ12 立铣刀	BT40	12				
5	T02	φ8 立铣刀	BT40	8				
6	T02	φ8 立铣刀	BT40	8				
7	T03	φ3 中心钻	BT40	3				
8	T04	φ8 麻花钻	BT40	8				
编制		审核		批准		共 页	第 页

2.3 端盖程序编制

2.3.1 反面程序编制

1. 78 mm × 74 mm × 12 mm 外形程序编制

(1)确定编程原点	零件的对称中心为编程原点。

(2)确定基点坐标	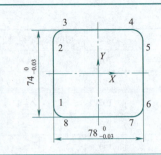	**78 mm×74 mm×12 mm 的外形基点坐标** | 点1	X-39 Y-27	点5	X39 Y27 | | 点2 | X-39 Y27 | 点6 | X39 Y-27 | | 点3 | X-29 Y37 | 点7 | X39 Y-37 | | 点4 | X29 Y37 | 点8 | X-29 Y-37 |

78 mm×74 mm×12 mm 的外形程序

| (3)程序编制 | o0015;
G90 G00 G54 G40 X0 Y0 M03 S2000;
Z5.;
X-50. Y-50;
G01 Z-2. F 800;(分层铣削,每次更改深度,直到 13 mm 为止)
G41 G01 X-39. D01;
Y27;
G02 X-29 Y37 R10;
G01 X29.; | G02 X39 Y27 R10;
G01 Y-27;
G02 X29 Y-37 R10;
G01 X-29;
G02 X-39. Y-27 R10;
G03 X-59 Y-27 R10;
G00 Z100;
M30; |

2. 铣孔编程

(1)确定编程原点	在工件坐标系原点处钻孔。

(2)确定坐标	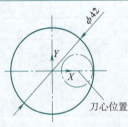 

刀具中心坐标

φ42 刀心点坐标(粗加工)	X12.8 Y0	φ34 刀心点坐标(粗加工)	X8.8 Y0
φ42 刀心点坐标(精加工)	X13 Y0	φ34 刀心点坐标(精加工)	X9 Y0

粗铣削 φ42 程序编制

粗铣削 φ42 程序

| (3)程序编制 | o00151;
G90 G00 G54 G40 X0 Y0 M03 S2000;
Z5.;
X12.8 Y0;(留 0.2 mm 余量)
G01 Z0 F300;
G03 X12.8 Y0 I-12.8 J0 Z-1; | G03 X12.8 Y0 I-12.8 J0 Z-5;
G03 X12.8 Y0 I-12.8 J0 Z-6;
G03 X12.8 Y0 I-12.8 J0 Z-7;
G03 X12.8 Y0 I-12.8 J0 Z-8;
G03 X12.8 Y0 I-12.8 J0 Z-9; |

	G03 X12.8 Y0 I-12.8 J0 Z-2;	G03 X12.8 Y0 I-12.8 J0 Z-9;
	G03 X12.8 Y0 I-12.8 J0 Z-3;	G01 X0 Y0;
	G03 X12.8 Y0 I-12.8 J0 Z-4;	G00 Z100;
		M30;

精铣削 φ42 程序编制

精铣削 φ42 程序	
o00152;	
G90 G00 G54 G40 X0 Y0 M03 S2000;	G01 X0 Y0;
Z5.;	G00 Z100;
G01 Z-9 F200;	M30;
G03 X13 Y0 I-13 J0;	
X13 Y0 F100;(可根据实际调整)	

粗铣削 φ34 程序编制

粗铣削 φ34 程序	
o00153;	
G90 G00 G54 G40 X0 Y0 M03 S3000;	G03 X8.8 Y0 I-8.8 J0 Z-18;
Z5.;	G03 X8.8 Y0 I-8.8 J0 Z-19;
X8.8 Y0;(留0.2余量)	G03 X8.8 Y0 I-8.8 J0 Z-19;
G01 Z-9 F300;	G03 X8.8 Y0 I-8.8 J0 Z-20;
G03 X8.8 Y0 I-8.8 J0 Z-10;	G03 X8.8 Y0 I-8.8 J0 Z-21;
G03 X8.8 Y0 I-8.8 J0 Z-11;	G03 X8.8 Y0 I-8.8 J0 Z-22;
G03 X8.8 Y0 I-8.8 J0 Z-12;	G03 X8.8 Y0 I-8.8 J0 Z-23;
G03 X8.8 Y0 I-8.8 J0 Z-13;	G03 X8.8 Y0 I-8.8 J0 Z-24;
G03 X8.8 Y0 I-8.8 J0 Z-14;	G01 X0 Y0;
G03 X8.8 Y0 I-8.8 J0 Z-15;	G00 Z100;
G03 X8.8 Y0 I-8.8 J0 Z-16;	M30;
G03 X8.8 Y0 I-8.8 J0 Z-17;	

精铣削 φ34 程序编制

精铣削 φ34 程序	
o00154;	
G90 G00 G54 G40 X0 Y0 M03 S3000;	G01 Z-24 F300;
Z5.;	G03 X9 Y0 I-9 J0;
X9 Y0;(可根据实际调整)	G01 X0 Y0;
G01 Z-16 F300;	G00 Z100;
G03 X9 Y0 I-9 J0;	M30;
G01 X0 Y0;	

(3)程序编制

2.3.2 反面程序编制

1. 铣 φ54 圆台				
(1) 铣削 φ54 刀心位置	(图示：φ54 圆与刀心位置坐标图)	**φ54 铣削加工刀心坐标**		
		φ54 圆台刀心点坐标（粗加工）	X−35.2 Y0	φ54 圆台刀心点坐标（精加工）	X−35 Y0

(2) 程序编制	**粗铣削 φ54 程序编制**

粗铣削 φ54 程序

O1202；	G02 X−35.2 Y0 I−35.2 J0；
G90 G00 G54 G40 X0 Y0 M03 S2000；	G01 Y20；
Z5.；	X−50；
G00 X−50 Y−50；	G40 Y−50；
G01 Z−8 F500；	G00 Z100；
G01 X−35.2；（留0.2 mm余量）	M30；
Y0；	

精铣削 φ54 程序编制

精铣削 φ54 程序

O1203；	G02 X−35 Y0 I−35 J0；
G90 G00 G54 G40 X0 Y0 M03 S2000；	G01 Y20；
Z5.；	X−50；
G00 X−50 Y−50；	G40 Y−50；
G01 Z−8 F500；	G00 Z100；
G01 X−35；（可实际调整）	M30；
Y0；	

2. 铣加强筋

(1) 加强筋基点坐标

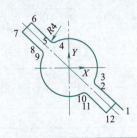

(1)加强筋基点坐标	加强筋基点坐标				
	点 1	X50.545　　Y－39.682		点 7	X－43.74　　Y 33.226
	点 2	X25.417　　Y－15.843		点 8	X－25.417　　Y 15.843
	点 3	X 24.535　　Y－11.271		点 9	X－24.535　　Y 11.271
	点 4	X－12.546　　Y 23.908		点 10	X12.546　　Y－23.908
	点 5	X－17.158　　Y 24.548		点 11	X17.158　　Y－24.548
	点 6	X－35.262　　Y41.724		点 12	X35.262　　Y－41.724

(2)程序编制	粗、精铣加强筋程序
	O0804；(φ8)
	G90 G00 G55 G40 X0 Y0 M03 S3000；
	Z5.；
	G00 X605 Y－50；
	G01 Z－11 F100；
	G42 G01 X50.545 Y－39.682 D01；(粗加工留 0.2 mm 余量，精加工根据测量尺寸修改)
	G01 X25.417 Y－15.843；
	G02 X24.535 Y－11.271 R4；
	G03 X－12.546 Y23.908 R27；
	G02 X－17.158 Y24.548 R4；
	G01 X－35.262 Y41.724；
	G01 X－43.74 Y33.226；
	G01 X－25.417 Y15.843；
	G02 X－24.535 Y11.271 R4；
	G03 X12.546 Y－23.908 R27；
	G01 X17.158 Y－24.548；
	G00 Z100；
	M30；

3. 钻 4×φ8 程序编制

(1)点坐标

4×φ8 钻孔位置

第五部分 数控车铣加工零件　　单元二 端盖数控加工

	4×φ8 孔交点坐标			
点1	X-29.019 Y27.53		点3	X29.019 Y-27.53
点2	X27.53 Y29.019		点4	X-27.53 Y-29.019

(2)程序编制	O0807;(φ8) G90 G00 G56 G40 X0 Y0 M03 S1000; Z5.; X-29.019 Y27.53; G99 G81 X-29.019 Y27.53 Z-25 R5 F100; X27.53 Y29.019; X29.019 Y-27.53; X-27.53 Y-29.019; G00 Z100; M30;

2.4　端盖数控加工

端盖数控加工过程	
开机	启动电源,旋开急停按钮。
回参考点	选择 REF 回零方式,Z 轴回零,点击 homestart 按键,点击+Z;X 轴回零,点击 homestart 按键,点击+X 按键;Y 轴回零,点击 homestart 按键,点击+Y 按键。
工件安装	平口钳安装工件,安装之前钳口找正,按要求调整伸出高度。
刀具安装	手动方式,安装所需要刀具。
对刀操作	依次对刀,输入相应的坐标系设置中。
程序输入或导入	编辑状态,输入程序。注意检查程序内容。 使用 U 盘导入程序。注意程序存储格式。
自动加工	选好加工程序,切换为自动状态,设置磨耗后,调整相应按键,完成零件加工。测量工件尺寸,调整磨耗,再次执行程序加工。 运行加工程序规范注意事项 (1)将快速倍率置于较低挡50%或25%。 (2)将进给倍率置于较低挡10%~30%。 (3)一只手置于急停处。 (4)另一只手按启动。 (5)当刀具靠近工件时,将快速倍率置于F0挡。 (6)当刀具即将切入零件时,按暂停,检查位置坐标。 (7)若正常,按启动,再观察切入轨迹是否正确。 (8)若轨迹正确,将进给倍率提升到80%~100%。 (9)当加工即将结束退刀时,提高快速倍率至25%或50%。

依据上面加工过程,完成端盖反面加工后,加工正面。
加工零件展示
 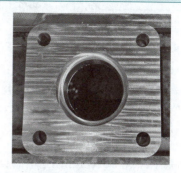

参考文献

[1] 朱明松,王翔.数控铣床编程与操作项目教程[M].北京:机械工业出版社,2010.
[2] 朱明松.数控车床编程与操作项目教程[M].北京:机械工业出版社,2010.
[3] 翟瑞波.数控加工工艺[M].北京:北京理工大学出版社,2010.
[4] 周保牛,黄俊桂.数控编程与加工技术[M].3版.北京:机械工业出版社,2014.
[5] 刘瑞已,龙华.零件的数控编程与加工[M].北京:机械工业出版社,2019.
[6] 张兆隆,孙志平,张勇.数控加工工艺与编程[M].北京:高等教育出版社,2022.